蔡澜作品自选集 卷八

蔡澜 著

散发弄舟

生活·讀書·新知 三联书店

图书在版编目（CIP）数据

散发弄舟／蔡澜著.—北京：生活·读书·新知三联书店，2013.10
ISBN 978-7-108-04704-5

Ⅰ.①散… Ⅱ.①蔡… Ⅲ.①饮食－文化－世界
Ⅳ.①TS971

中国版本图书馆CIP数据核字(2013)第189203号

责任编辑 唐明星
装帧设计 蔡立国
责任印制 徐 方
出版发行 生活·讀書·新知三联书店
（北京市东城区美术馆东街22号 100010）
网 址 www.sdxjpc.com
经 销 新华书店
印 刷 北京隆昌伟业印刷有限公司
版 次 2013年10月北京第1版
2013年10月北京第1次印刷
开 本 880毫米×1230毫米 1/32 印张 6.75
字 数 125千字 图16幅
印 数 00,001-10,000册
定 价 29.00元
（印装查询 010-64002715 邮购查询 010-84010542）

三联版总序

最初写作，是将过往的生活点滴记下，已是三十多年前的事。在报纸的专栏写了一些，终于足够聚集成书。倪匡兄说：“也好，当成一张名片送人，能写出一本，已算好的了。”

每天写，不断地努力，不知不觉间，书也出版了两百多本。如今看来，其中有些文字已过时，有些我自己不满意，也被编入书中。

认识了汕头三联书店的李春淮兄，他建议由三联出版我的全集。我认为与其出版全集，不如出版自选集，文章是好是坏，自己清楚。

与北京三联书店的郑勇兄谈妥，以《蔡澜作品自选集》为题，计划每辑四册，总共出七辑二十八册，收录这三十多年来的文章。略觉不佳的，狠心删掉；剩下来的，都是自己觉得还过得去，和大家分享。

此事由李春淮兄大力促成，书面市时，汕头的三联书店已经因购书者稀少而关闭。特此以这集书，献给他。

2012年11月22日

目　录

北京

从香港到北京，两个半小时就抵达。

适逢世界妇女大会在当地举办，差点买不到机票，好在友人代为办理一切，才安心上路。乘的是港龙机，比较准时。

下机，第一个感觉是机场半新不旧，到处看到临时加上去的单薄间隔。建筑物老旧倒不是问题，有它的气派存在，但这首都机场不够宏伟，比许多东南亚小国的差得多，当年的奥运会选举团体参观时，已留下同样的印象吧。

出机场，气候干燥，这次是来过中秋的，的确有季节性的秋凉，和香港的闷热一比，舒服得多。

迎接我们的单位派了车子来。上车时，高级干部打开门，用手挡着车顶下面，保护我踏进车子。以后数日中，每逢上、下车，司机都用这个动作，将手摆在门框顶上。我想，从前一定有过很多乘客碰伤头的例子，所以后来才成为一种习惯性的礼貌。

下次你到北京，留意一下，就知道我说些什么了。

一路上到处可见世界妇女大会的大型招牌。这个运动，在我逗留期间，进行得如火如荼，酒店的大堂中，电视新闻里，各国妇女麇集的场面无时无刻地出现，仔细观察前来参加大会的女人，发觉有一个很明确的共同点，那就是所有女子，没有一个长得漂亮的。

抵达酒店，是座二十几层高的建筑物，大堂土气甚重，绝对不像香港的那么华丽，电梯出口旁边有一个服务台，供应热水壶茶水。走遍世界各大城市，得到的结论是，凡是每层楼有服务部的旅馆，都好不到哪里去。

房间还算干净，但大型皮沙发椅等，摆设笨拙，挤满空间，小套房变成只有双人房的大小。

问题出在大陆的酒店每逢什么交易会、运动大会等，都坐地起价，两百多块美金变成四百多块，实在是一种要不得的风气。

放下行李，就往外跑，吃宵夜去，大陆人将这名称倒反，叫为夜宵。

在附近的一家小餐厅就地取材，肚子饿了，不想走得太远。叫的当然是涮羊肉，来北京，不吃涮羊肉怎行？涮字应读为“算”，与算术的算同音。香港人多数念不出，一直是刷刷或者擦擦声地乱叫。

广东人以不纯正的国语讲起来，笑话一箩筐。小姐，水饺一碗多少钱？问女侍应时，变成：小姐，睡觉一晚多少钱？已是过时的故事。何嘉丽告诉我一个新的，有个港人在餐厅把芥末念成节目，女侍应听不懂，他还大声解释说是黄色的，黄色节目。

“要几斤羊肉？”女侍应问。

在香港吃涮牛肉，都是一碟碟，斤怎么算？到底有多少？一点概念都没有。

我们一共五个人，就叫两斤吧。

火锅上桌，里面是清水，侍应先拿了一小碟东西前来，是些虾米、紫菜和螃蟹爪，她扑通扑通地推进锅中，熬一会儿，就是汤底了。

两斤羊肉分四碟上，堆积如山，这个分量，在香港至少分二十碟。我们一再努力地吃，也只能吃一斤左右。旁桌的人都笑我们食量太小。

羊肉都是全瘦的，看了皱眉头，应该是半肥半瘦才好吃呀。当地人解释：这部分的肉是羊屁股上的肉，最上等，当然是全瘦的。

我不同意，向女侍要一碟肥一点的。

“腰圈呀？”她问。

我也不知道腰圈是什么，反正有肥的就是。

一看，是一碟白色的肥膏，全部是脂肪，同桌人都不敢动筷，惊叫纯胆固醇。

我夹了一片所谓的腰圈，再夹一片屁股上的瘦肉，往锅中涮完入口。

“这不就是半肥半瘦了吗？”我说。

大家点头，依样画葫芦，赞称比全瘦的好吃。

再来几碟羊百叶。女侍应问说要白的还是黑的，后者没经过漂白，较有原味，就点了黑的，但吃起来并不脆，也不弹牙，有点失望。

加上豆腐、蔬菜等，吃得饱得不能动弹，摸着肚子付账，才一百多块人民币。

“都是给你们外国游客吃贵了。”听到旁桌的人这么说，也就不敢喊便宜。

再下去的几个晚上都是在酒店附近吃夜宵。个体户的小铺子通常没有店名，招牌上写了几个“家常菜”的字罢了，下次去北京，也难再找到。

小店都门户大开，但挂着一条条的透明塑胶带子，像大型的贴苍蝇胶条，当地人说北京风沙大，用来阻挡，这种塑胶条子挂久了十分肮脏，但进门非拨开不能通过，拨漏个一两条，啪嗒一声，黏在脸上，自己变成了一只大苍蝇，那种感觉，极不好受。

回酒店糊里糊涂地睡了一觉。这次旅行，准备随遇而安，主要是尝尝未吃过的东西，观光为次。长城也不准备去。本来就不是好汉嘛，登啥子鸟城？

中老舍的毒甚深，翌日一大早起床，冲出旅馆，见人就问：“什么地方可以吃到豆汁？”

老乡说：“哦，油条豆浆，到处都有。”

“不，不，不，”我摇头，“不是豆浆，是豆汁，骆驼祥子吃的那种。黄包车夫吃的那种。”

问了十个上了年纪的人，没有一个知道。

北京的道路都很宽敞，不像上海整天塞车，清晨的阳光下，一排排整齐的银杏，倒映在露水的湿地上，富有诗情画意，北京是朴素的、庄严的。

老头子在公园里耍太极剑，动作灵活。北京人的生活，恬静安详。

中年人集中于广场中，这里一堆，那里一堆，原来在学习跳交际舞。看见一个写得大大的“舞”字。内容为：初学者入门法，每周一至周五，早上六点半到七点五十分上课，一步一步教学，男、女步分开教，学习舞厅中常跳的六种舞：慢三（应该是华尔兹吧），慢四（应该是狐步），蹦四（应该是快步），平四（就不知是什么了），恰恰，是洽洽。伦巴，我们叫冧巴。

招牌上还写着包教包会，不会不收费。一个课程是人民币三十大洋。要是我住北京，也会来学。

很奇怪，为什么舞蹈老师不肯带一个录音机，播点音乐？授课一路在默默中进行，像在看一部无声电影。

行人道上还有一个妇女在摆摊，一个量人体高度的架子和一个秤，大概是学舞者量身高，又称称看跳了舞减不减肥。一次收银两毛钱。

香味扑鼻，街边一档脚踏车小贩，在卖大饼，每一块足足有面盆那么大，吃不饱是骗人。

食欲大动，马上找东西吃，附近一排小店，卖的东西差不多都是一样，锅贴和水饺为主，也有兰州拉面，现叫现拉，店中小女孩小男孩的拉面技术，绝不差于在香港大餐厅表演的大师傅。

拉面一碗两块钱，大的两块半，别小看这五毛，分量加倍，面本身算是软熟，汤底可全是味精，面上铺着切碎了的西洋火腿片，试过一次，可以不必再吃。除了兰州拉面，那里也卖温州云吞，吃了昏昏吞吞。

不满意，驱车往西单菜市场，想找更好的。

小贩摆满街边，一摊摊的，卖肉类和鱼虾蟹、各种蔬菜和水果等。走了一圈，印象是所有物产绝对没有西方那么富庶，肉的颜色并不鲜红，鱼的种类更是少得可怜，活鱼只见翻着肚子濒死的鲤鱼和鲫鱼。

蔬菜中除了大白菜和椰菜肥大之外，其他的如菜花、油菜、通心菜等，都是黄黄酸酸，非常之瘦。

水蜜桃的季节已过，苹果最多，价钱方面，可以五十个的价钱换取一个日本的青森苹。

路旁有一个招牌，写着“公平秤”，消费者对重量不服，可在这里公平公平。

一到九点，管理员就把小贩赶得一干二净，接着大队妇女清扫场地。北京留给人们的印象，是比其他省份干净很多。

九点之后，主妇们可进入大型建筑物西单市场，里面像个购物中心，毫无菜市场的痕迹，货物陈列得有条有理。今后的菜市，大概都会往这方向走吧。

在卤味档中看到鸭舌头、猪小肚包着的腊肉等等令人垂涎的东西，即刻买下，拿到市场隔壁的一家面店去，叫了些菜，便打开来尝。

发现外形美好的卤味，吃起来甚差劲，绝对没有台北小吃档中做得那么精彩。

炒面上桌，吃了一两口，就停筷，干干硬硬的不入味，配料也只有虾米壳和椰菜。价钱较贵，八块人民币。

“怎么？”老板问，“不好吃吗？炒面我做得最拿手了，不可能不好吃。”

我微笑不答，作老衲状。

食物不能消化，散步回酒店，一路上看到许多店铺的招牌，我指出一个，叫“随身听”，问友人说：“你知道是卖些什么的吗？”

朋友摇头。

我说：“Walkman 嘛。”

她大笑。

大哥大北京也叫大哥大，无线电话就写成无绳电话。行过一家美容院，写着“辣椒减肥”。老板娘笑盈盈地解释：“在蒸汽器中放辣椒油。”

朋友听后咋舌。

有家理发店，招牌写“大花板寸”四个大字。

我这个人有不耻下问的习惯，即刻问坐在外边的老板说：“什么是大花板寸？”

“大花是大花。”他回答，“板寸是板寸，没有大花板寸的。”

我还是不明白。

老板详细说明：“大花嘛，把头发烫曲，蓬蓬松松，看起来不像朵大花吗？”

“那么板寸呢？”

“剪个平头，像一块板，只留一寸头发，不就是板寸了吗？”

我连声道谢他的指导。

走得有点疲倦，召辆面的，直奔琉璃厂。

什么是“面的”？迷你巴士，国内叫面包车，“麵”字简体字为面，面包车当的士，便是“面的”，到处可见。

“面的”的车顶漆了黄色，从二十多楼的酒店窗口望下，塞起车来，像一条黄虫。

琉璃厂中字画古董店铺林立，每间仔细看的话，走一天都不够时间。最瞩目的是荣宝斋了。逛了一下，觉得好东西不多，近来刻的木版水印，所选的内容，品位不高，没有挑画家的精品来复制。整间店，印象最深的是进门处的那个巨型石砚，足足一张床那么大，摸上去冰凉，可供金庸小说人物练功。

招牌是齐白石题的，琉璃厂店铺的招牌都是大有来头。在北京，溥杰的题字甚多，我不喜欢看此人的字，像蚕茧，黏黏的，腻眼。赵朴初的笔迹文雅兼有禅味。中国书法家中，当今应算他老人家是第一位了。

出名的商务印书馆、中华书局和古籍书店的老铺都在琉璃厂中。买了弘一法师的两册线装版，为《华师本愿功德经》和《金刚般若波罗蜜经》。

逛整个琉璃厂，想买块古玉，但都看不上眼。最后在字画店中买了几丈蓝色的绫，带回香港以备今后裱画用，一般人认为蓝色不祥，裱画铺缺货，但以蓝绫裱出来的字，特别好看。

司机前来接我们去"全聚德"吃烤鸭，已经声明不想去这恶名昭彰的名店吃东西，但阴差阳错，还是被友人请去那儿。

除非是待遇不同的大人物，一般人去"全聚德"，一定得不到好结果。在香港吃烤鸭，皮是皮，肉是肉，这里的年轻师傅乱片一通，样子极难看。

鸭架子叫去熬汤，汤却比肉先上，是别人家的鸭架子。汤的颜色暧昧，也不加白菜，喝起来像洗脚水，绝对不如香港的"鹿鸣春"，下去那几天，一经烤鸭店，怕怕。

到颐和园走了一圈，晚上被安排在园内的"听鹂馆"吃宫廷寿膳，做出来的菜，像咕噜肉，又酸又甜，一定和西太后吃的不一样，要是相同，她的品位，好极有限。

一天吃了三餐，吃出一肚子气。好在上天对我们甚仁慈，最后一顿的夜宵，让我们找到一家家常菜的煮炒，简简单单的三两样地道小菜，才宁息了胃袋的愤怒。

翌日，怒火又燎原，我们到了天安门广场。

风啸声，听起来像亡魂的哭泣。

心情非常之沉重。

在清真馆子“鸿宾楼”吃午餐，一向认为回民料理的羊肉做得好，即刻叫了一个砂锅羊头煲，味道并不特别，汤汁浓郁，但不香。反而是酱青瓜的冷盘做得出色。把一条青瓜用刀团团转地片成薄片，再切开，浸盐水，加点糖，实在香脆可口。

饭后去故宫，本地人入门三十块，外宾加价二十，有一副录音机，可听许多国家语言的解释，英文的讲者是演零零七铁金刚的 Roger Moore，英语标准，但语气略带轻浮，我向友人借了中文的，左右双耳并用，中文由英若诚讲解，是第一流的水准。

进入博物馆，发现好东西不多，都被蒋介石偷到台北去，剩下最多的是钟表，大概蒋光头认为“钟”、“终”同音，不吉祥，不肯带走之故。

最滑稽的是要套上一个塑胶做的鞋套才能进门，此鞋套做法甚原始，对本来已肮脏的石地板，一点作用也起不了，为了要多赚游客几块钱吧。

故宫固然是天下建筑物的奇观之一。对劳民伤财的成果，看了总不舒服，所以说长城不去也罢。为表示一个统治者的权力，千万人民的血汗横流，这种时代，再也不会回头。

珍妃井小得不得了，要拆开肩胛骨才能推得一个人进去，她死得很惨。

见宫中横额，想起皇帝藏遗嘱的地方。当年金庸未到过故宫，竟然可以写出那么精彩的小说。感叹他思想的精密，像人体的神经，更像一个单独的宇宙。他人亲眼看故宫，再看一百年，也写不出。

“啥地方可喝到豆汁？”

心不死，一大早，逢老人便问。结果有个说：“到西四胡同小吃亭，那里什么老北京菜都有。”

大喜，即刻乘面的前往。

门口挂着一个“正在装修”的牌子，大失所望。店旁站着一个老者：“它们一装修，一年半载都没修好。”

折回酒店，出电梯，见服务台小男生。老的问不到，小的照问。

“哦，”他说，“牛街。牛街一定有。”

我还是有点疑问。

“我自己也喜欢喝。”他解释。

等司机来了，直奔牛街。

哈，哈。终于找到，牛街上有间小店，挂着“牛街豆汁店”的招牌，不卖豆汁卖啥？

店主指着门口那一包包白色的东西：“豆汁。”

用塑胶袋装着，像冻牛奶。

“豆汁是喝热的呀！”老舍说过的。

“冷的也行，有维他命。”他冷冰冰地。

只好买了两大包，拿到附近回民开的小馆子去，要老板替我熬热。别的东西不想吃，又不好意思不叫菜，就来两瓶啤酒，付了钱，送给邻桌笑嘻嘻的老头喝。

老头亲切地报答，走进厨房监督，啊，等了数十年的豆汁，终于热腾腾地放在我眼前。

嗅一嗅，果然像形容之中那么难闻，有股强烈的发酸与发臭的气味。入口，又感觉到幽香。是吃臭豆腐的液体版本。

喝豆汁一定得和咸菜一起吃，豆汁本身不放盐，配咸菜味道恰到好处。

几大碗下喉，饱饱，喊声：“朕，满足也。”

走出门，到街中央，给一辆脚踏车撞个正着。

车翻人仰，我倒没事，老了骨头坚硬之故。

和倒地人一起来的大汉，喝了酒，揪住我，要求公道。

虽不是我错，但也拼命赔不是。大汉大骂粗口，旁观者围来，越闹越大。

巡警车走过，好，让他们解决去。

大汉不甘心，说要去医院替伙伴验伤，才肯放过我。警察模棱两可，就一同到派出所去，先报案。旁边老太婆说：“看你是外地人，目的要钱，给。”

但这口气怎么也吞不下，和大汉泡上了。

派出所官员对此事不瞅不睬，尽让我们在外边等。

大汉数次又前来挑拨，我差点和他打架。最后，他说："给三百块医药费，不然没完没了。"

我的司机是个老好人，在争执中他没出言相劝，到了此时，他向大汉说："这位先生是外宾，现在是世界妇女大会期间，到处是公安。你和他闹，万一给抓进去，关个十天八天，也不好受。"

这些话起了作用，大汉吓得酒醒，说声："算了。"

想不到事件的平息，竟然是托世界的八婆的福，后悔当初说她们个个都丑。

现实生活的离奇，写成剧本，人家还会说有那么巧？

当晚约了友人，到"西双版纳"去吃饭。

此店在东城区地安门东大街，一一五号公车总站对面，不难找。气氛不错，简单的装饰中带少数民族风味，印象尤深的是那道"蝴蝶扑泉"。

用一管鲜竹，劈开上面三分之一，把清水倒入筒中。女侍拿了两块鸡蛋般大的圆东西，是烧红的矿石。一下子扔进筒里，汤即滚，而且跳跃着点点的水珠。此时再把切成双飞的鱼虾及肉片放进去，灼它一灼，即呈蝴蝶状。汤当然很鲜，滋味不是特别到哪里去。不过上桌的排场，气派浩大，一定会吓死洋鬼子和日本佬。

店里也卖竹筒酒，糯米酿的。酒精度低，喝多了，未醉先饱。

想不到在北京吃了那么多顿，除豆汁之外，印象最深的，竟是云南菜。

已经到了归途，每一个旅程，最悲伤，也是非来不可的时刻。

把好的和坏的放在天平上，北京还是前者。不爱她，说她干啥？

中山蛇宴

洪金宝兄到中山打高尔夫球，约我一齐去。

“你知道我不打球的。”我说。

“来吃东西好了。”

听金宝兄说过，他在中山有位友人，极豪爽，每次他上去打球，必招待丰富之晚餐，香港吃不到者。

往九龙中港城，乘双体船，一百九十块的船票，因为假期关系，被黄牛炒到三百五十块一张。黄牛这件事，到今天的文明社会还是存在，供与求的需要，倒认为合理。

一个小时十五分便抵达。

客人入闸及出口，都争先恐后，带了一大堆东西，有逃难的感觉。

入闸管理局的官员，慢条斯理地看证件。此人长得脸青青的，带着似笑非笑的表情，长头发，消瘦，一副金丝眼镜，吊儿郎当的，但看得出一股杀气。对每本护照都像审死官一般地检阅。“文革”当年，要是遇上，一定倒他祖宗十八代的霉了。

那条龙才七个人，足足等了四十五分钟。在大陆旅行，最好别约人等待，否则急死。我拿一本带来的书翻来看，要等多久就多久，反正来了，预定一大堆时间，让他来耗好了。

另一个海关人员大概看不顺我那种安逸的态度，前来查问我看的是什么书，我早预有此招，以书示之，是一本大陆出的简体版的明朝随笔。此人没话说，走开了。

终于走出来。再乘二十几分钟的士，才能到中山市内。

金宝兄友人之屋，大得离奇，一共有三层楼。主人住香港，这一家是他的度假屋，空空洞洞的，剩下三位北方来的工人看守。

找洗手间，家仆说要上楼进房间内才有。上面一共有八间房，每间都有卫生设施。我不愿意爬上爬下，说用工人房的也不要紧，他回答工人房也没有洗手间，说完带我到一棵榕树下。

“不太好吧。”我客气地说。

他摇摇头，说不要紧：“我们主人，也在这里小便。”

金宝兄与友人打完球回来，我们就一齐驱车到横澜的餐厅去。

一看，是一间很大的建筑物，屋外用大招牌写了一个“蛇”字。

走进去，不得了。整个楼下摆满了一个个巨大的玻璃瓶，数百个之多，里面浸的全是蛇酒。

“先来一瓶试试。”我坐定之后说。

“那些酒都是浸来备用的，夏天没蛇，才喝。现在冬天，蛇最肥，要喝，喝新鲜的。”金宝兄友人说，“你跟这里的老板去后面看看。”

到了厨房。哇！是一条黑漆漆的过山峰毒蛇，大腿般粗，十二尺长。蟒蛇那么大不出奇，毒蛇此等体积，倒是第一次见到。

陈老板大喝一声，七八个伙计前来，各自大力地抓住蛇的一部分。说时迟，那时快，陈老板举起大刀一挥，蛇头掉地，还张着大口，露出毒牙，四处滚动。我虽然站得老远，也禁不住倒退数步。

接着，那七八个伙计把蛇身扯直，头向下，四十五度的，蛇血从截口处大量喷进一个洗脸盆中。陈老板拿了一瓶“双蒸”一齐倒入，这叫做撞酒。

血和酒撞在一起，产生很多泡沫。陈老板用布将之隔开之后，倒入一个玻璃瓶中，刚好是一瓶浓血；其他的又用另一瓶酒对之，是次等血。

头等血是给主客喝的。人生难得有几次这种机会，我一举干杯。

不腥。

以为一定有点异味，但是真的一点也不腥。

“要是体内有毒，一定消除。”陈老板说。

“我这地方有毒，除得了除不了？”说完，我指着自己的头。

“加点胆更好！”老板也跟着开玩笑。

伙计们把蛇身割开，取出一个墨绿颜色的胆，胖人的大拇指般，又粗又大。用酒洗净，破开，胆汁流出，再掺酒，一干而净。听伙计说，单单是胆，已要上千元人民币。

蛇肉打边炉，用的是所谓饭铲头的眼镜蛇，几碟上桌，说是用了四五条，再加三只山鸡滚汤。蛇肉很硬，我不喜欢，汤倒是此生喝得最鲜甜的之一。

另一大煲汤已滚好，是刚才过山峰的肉，做法简直是原始，就把蛇身斩成一段一段，熬了上桌。大家用手抓着，每段有个大富士苹果那么巨型，吃的姿势，也好像咬苹果，这次的蛇肉的确是又软又香又甜。

读过佛经以及弘一法师、丰子恺等等大师之戒杀论，但残忍之心，一点也改不了。来世当和尚，修回今生的孽吧。

维多利亚市场

要发现澳洲墨尔本这个城市的好处，先由维多利亚皇后市场开始。

这地方已有百多年历史，从前是中国人的坟墓，他们来澳洲淘金，淘不到，就留下来耕田种菜。死后埋了，一大片的地，不知要葬多少人。

卖猪羊牛和鱼的部分最有特色，老建筑物中重新装修，干净得很。只要抬头仔细地观察，就能看到每一个档子的上面都有一条很粗的铁轨经过，原来是用来吊猪牛的。由屠场中运来之后，一只只地从门口用铁钩挂着，用滑轮原理，很轻易地推到档口，不必搬得半死。

小贩们依传统，不停地大声推销，像今天什么肉最便宜等等，整个市场非常之热闹。

澳洲地广，农畜业发达，在这里卖的东西，比香港要便宜一半以上，只要自己能烧菜，澳洲是一个很容易生存下去的地方。但是澳洲人也不都是吃饱了就算数，从他们卖的货物种类和品味，知道有许多人还是很会享受人生的。

有一档叫 Jago，什么肉都卖，而且部分分得非常详细，供应市中老饕，我以为自己什么都尝试过，但是看到一盘手指般大、一条条的像骨髓的东西，就不知道是什么。

一问之下，原来是牛的淋巴腺。

从来不知此物可食，即刻买了，当天中午到一家意大利餐馆叫他们炮制。做法是先将淋巴腺用滚水灼了一灼，然后再以橄榄油和蒜蓉煎之。吃进口，很软熟，有如猪脑，但较有咬头，很香甜。

"肉类之中，什么部位最好吃？"我问小贩。

他回答："当然是颈项的肉。"

怪不得我们吃鹅也都喜欢吃颈，英雄所见略同。

每个肉档每天早上由批发商入货，大家都希望以最低价钱投得。一贵了，当天生意就差，因为隔壁档卖得便宜一两毫，精打细算的家庭主妇就会选择。顾客们绝对可以放心，在这里会得到最公道的价钱。

比较之下，还是一家叫 Brinkworth 的生意兴隆，那是因为他们也做二手批发，购下的数量较大，价钱当然便宜。但是最便宜最便宜是等到市场收档之前来购买，有些货当天卖不出去便不新鲜，这时是名副其实地大出血，一公斤贱卖到四五块澳币，穷人也能大鱼大肉。

除了人吃的肉，宠物粮食也有一两家人专门做，给狗吃的肉是不必经过政府屠房的，价钱特别贱，拿来红烧，人也吃得过。这档人还卖狗吃的巧克力。一个个像五元硬币那么大，据说人吃的巧克力太多糖，对狗不宜，小贩们即刻想到用牛骨加干肉制造，相信运到香港去卖，也有大把爱犬家入货。

外国游客来到维多利亚市场，可买他们最贵最柔软的牛排回国。用真空处理的包装机，将塑胶袋抽空空气后压缩，肉类冷冻后，可保存十个月。日本人尤其喜欢，每公斤的肉只有东京的五分之一的价钱。

走过肉档就是海鲜店了。拇指般大的生蚝，一公斤二十块港币，有六七个之多，味道不逊法国贝隆。这一家卖海鲜的自称永不用冰冻货，又说当天所有的鱼虾一定要当天卖完为止，隔夜东西绝对不出售。

问老板："你们吃鱼，都喜欢切成一片片的，怎么看得出是不是冷冻的？"

"第一，先要看同种鱼类有没有一大条地卖。"老板解释，"如果看不到整条的，千万别买那一片片的，顾客刁钻，要求我们现剷，我们也照做。第二，看鱼的眼睛是否光亮，死沉沉的是冷冻。第三，看盛着那一片片鱼的铁盘子内是否有渍水。渍水是因为冰融化才有这种现象。盘子干的，应该没有问题。"

市场的另一个部分是专卖芝士面包、香肠等干货的地方，芝士除牛羊之外，有些是用袋鼠乳做的，虽然没吃过，但不想试。面包种类至少有一百种以上，香肠亦多花样，有种高级的，是用猪面颊的肉做的，叫 Cotechini。

逛逛菜市，买喜欢的即食食物，加瓶酒，拿到公园去吃，晒晒太阳，何必迫自己去光顾麦当劳？

鸡肉是在干货市场卖的。问为什么不归类在猪牛羊部分？小贩回答："从前是在现场杀鸡的，弄得鸡毛满天飞，所以卖鸡的被赶了出来。"

鸡贩很健谈，便和他多聊两句："什么叫做 Spathcock？"

"哦，那是很年轻的鸡。"

"Poussin 呢？"

"更年轻，只有五个礼拜大。"

"这只叫 Guinea Fowl 的呢？"

"Guinea Fowl 可以说是鸡的老祖宗，所有的鸡都是由它进化出来的，所以这鸡最有鸡味了，一只 Guinea Fowl 的价钱，可以买五只普通的鸡。"鸡贩解释："它还有一个特点，那就是喜欢乱啼！叫声之大，吵得天翻地覆，和女人一模一样！"

鸡贩说完，给他老婆瞪了一眼，他即缩头，做乌龟状。

东京小酒吧

这次在东京影展，区丁平导演的影片得了几个奖，日本合作公司的老板大宴客，吃完还带我们去一间小酒吧。

进门，妈妈生笑脸欢迎，酒吧总少不了这些上了年纪的女人。好在，她身后是两位样子蛮漂亮的姑娘，二十年华，奇怪的是，长得一模一样。

“这是妈妈生的两个双生女儿。”合作公司的老板解释。

“亲生的？”我问。

“亲生的。”

好，一家人，由母亲带两个亲生女儿开酒吧，这倒是中国家庭罕见的。

妈妈生一杯杯地倒酒，两个女儿忙得团团乱转，食物一盘盘奉上，并非普通的鱿鱼丝或草饼之类，而是做得精美的正式下酒小菜，非常难得。

酒吧分柜台、客座和小舞池三个部分。舞池后有一个吉他手，双鬓华发。有了他的伴奏，这酒吧与一般的卡拉OK有别，再不是干瘪瘪的电器音乐。

起初大家还是正经地坐着喝酒和谈论电影，妈妈生和两个女儿的知识很广，什么话题都搭得上，便从电影岔开，渐进诗歌小说音乐。老酒下肚，气氛更佳，再扯至男女灵欲上去，无所不谈。

两个女儿轮流失踪到柜台后。啊，又出现一碟热腾腾的清酒蒸鱼头。过了一会儿，再捧出一小碗一小碗的拉面。一人一口的分量，让客人暖胃。

“来呀，唱歌去。”妈妈生拉了梁家辉上台。

家辉歌喉虽然不如张学友，但胜于感情丰富，表情十足，陶醉在音乐之中。再加上吉他手配合曲子的快慢，唱完一首情歌，大家拍手。

“遇到唱的不好的，我们不要客气，一定要把他拉下来，不然自己找难受。”我向双生女的姐姐或妹妹的其中一个说。她是主人，不能得罪客人，有这个机会，当然举手赞成。好在下一个庹宗华，是个职业歌手，当然唱得不错。他来一首西班牙舞曲，大家拍掌伴奏。妈妈生跑进去拿了两个响葫芦让女儿们摇，两姐妹开始唱歌，声线好得不得了，专选难度很高的歌来唱，已是专业水准。

妈妈生又再拿出些敲打乐器分给大家，女主角富田靖子得了大奖本来已很激动，现在更见疯狂地和区丁平跳着舞。

大家在兴高采烈时，妈妈生忙里偷闲，坐在角落的沙发上。

“你是怎么去想到开这间酒吧的？”我问。

她开始了动人的故事：“我们一家四口，过着平静的生活。我丈夫在银行里做事，很少应酬，回家后替女儿补习功课。吃完饭，大家看电视，就那么一天一天地，日子过得好快。

“忽然，有一晚他不回家，第二天影子也不见。我们三人到处打听，也找不到他的下落。接到警方通知，才知道他上过一次酒吧，就爱上了那个酒吧女。为了讨好她，最后连公款也亏空了，那女人当然不再见他，他人间蒸发。

“丑闻一见报，亲戚都不来往，连他的同事和朋友，本来常来家坐的，也从此不上门。

“整整一年，我们家没有一个客人。直到一天，门铃响了，打开门是邮差送挂号信来，我们母女三人兴奋到极点，拉他到餐桌上，把家里的酒都拿出来给他喝，我那两个乖女又拼命做菜，那晚邮差酒醉饭饱地回去，我们三人松懈了下来，度过了比新年更欢乐的时光。

“邮差后来和我们做了好朋友，他又把他的朋友带来，他的朋友再把他们的朋友带来，我们使尽办法，也要让他们高高兴兴回家。

“没有老公和父亲的日子，原来不是那么辛苦的。

“朋友之中，有些也做水商卖的。你知道的，我们日本人叫干酒吧的人做水生意的人。

“一天，我两个女儿向我说：‘妈妈，做水生意的女子，也不是个个都坏的。’

“我听了也点点头。女儿说：‘妈妈，靠储蓄也坐吃山空呀。我们这么会招呼客人，为什么不去开家酒吧？’

“‘好，就这么决定，’我说。把剩下的老本，统统扔下去。你现在看到的，就是了。和我们自己的家，没有两样。”

妈妈生一口气地说完，我很感动，问道：“那你这两个千金不念大学，不觉得可惜吗？”

“她们喜欢的是文科，理科才要念大学，文科嘛，来这里的客人都有些水准，向他们学的，比教授多，比教授有趣。”妈妈生笑着说，此话没错。

“那么她们的爸爸呢？有没有再见到？”

“有。”妈妈生说，“他回来求我原谅，我把在酒吧赚到的钱替他还了债。其实当时也不是亏空很多，是他胆小跑路罢了。但是我向他说，有一个条件，那就是他一定要去找一个有一技之长的职业，能自己为生，再来找我。”

“他做到了吗？”

“做到了。”妈妈生说。

“那么现在人在哪里？”我追问。

“那不就是他。”

妈妈生指着伴奏的吉他手。

酒店天堂

Hotel 这个词，法文的意思是“皇族的住居”。法国革命之后，再没有皇帝，现在的字典中的解释：“是一座建筑物，供应大众住宿、进餐、娱乐和各种私人服务的地方。”

对酒店的欣赏，人生的每一个阶段都不同。年轻时经济力差，能过一晚已足够，多少颗星都不要紧。工作时则需要一间明亮清洁和昼夜能写报表的房子。到欣赏人生的岁月，则要求一切细节的享受了。

成为一间好酒店必备好些条件：位置近市中心，或远如隔世，随传随到的服务，二十四小时的食物供应，还得在银盘上放一朵玫瑰。

有些人要越新越好，我则爱历史悠久的旅馆，墙上的壁画，长时间训练下来的服务态度，连枕头的软硬都能选择的酒店。

多年来，住过了很多旅馆，从排水洞钻出小蛇的森林小屋到大如篮球场的套房，每一夜都是一种新的体验。

在东南亚，香港上榜十大的酒店占的数目最多：半岛、文华、丽晶、香格里拉、君悦等等，怀念的是从前的浅水湾酒店。楼顶很高，单单是浴室也有新派旅馆的整个房间那么大。

到曼谷，当然是东方酒店。不然君悦、丽晶都不错，新建的Sukhothai也值得一住。

槟城首选E&O酒店。每个懒洋洋的黄昏观潮，许多文豪都在那里徘徊过。房间巨型，可连放三张双人蚊帐大床。酒店大堂有个圆顶，一讲话就能听到回音。本来残旧得很，现在正在装修，等完成后一定再去试试。

吉隆坡有许多新的五星旅馆，但是市中心的希尔顿还是非常舒服的。入住殖民地色彩的Corlosa Seri Negara也是一乐，它只有十三室，间间都是套房。

新加坡的莱佛士酒店最高级，重修之后乘电梯得用私人锁匙，有点太过傲慢的感觉，并不亲切。还是又便宜又高格调的Goodwood好。香格里拉是这集团的第一间酒店，也住得过。

雅加达市中有名牌旅馆，个人的爱好当然是住Ancol。这个成人的迪士尼乐园，有数之不清的娱乐场所，中间最大的是凯悦酒店，左右边有高级夜总会、舞厅、按摩院到沙滩上的人肉超级市场，两千个女子散着步等待客人。

东京我一向住帝国酒店，在银座的正中，出入方便，什么东西都齐全。但一到观赏樱花的季节，则最好入住皇宫周围的Fairmont。一打开窗，数千朵樱花就在你眼前出现。

京都只有一间值得住的，是俵屋 Tawara-Ya。出名的 Miyako 酒店差俵屋十万八千里。

汉城最高级的无疑是新罗 Shilla 酒店。偏僻了一点，落得清静。市中心嚣闹的 Lotte 人人赞好，我则很不喜欢。为方便的话，宁愿住朝鲜 Chosun。

到了印度，孟买最大的酒店是 Taj，从旅馆的一头走到另一头，足足要走五分钟。房间也是巨大无比，有两个穿白色制服的侍者二十四小时候驾。

去到欧洲，真正的富丽堂皇的酒店数之不尽：巴黎的 Ritz 和 George V，伦敦的 Savoy 和 Dorchester，罗马的 Le Grand 和 Hassler-Villa Medici，都是很出名的，不管你喜不喜欢这一类的古典酒店，它们的气势逼人，没有住过是人生的损失。

纽约的话当然是住 The Plaza，无数的皇亲国戚、画家音乐家都在那里过夜。它一共有八百零五间房，每一间的楼顶都有十四英尺高，大理石的火炉和浴缸具备，光滑的床单，温暖的毛巾，把住客宠坏为止。无数的电影以这间酒店做背景是有理由的，大堂餐厅的布置和画令人叹为观止。最罗曼蒂克的是它的餐厅 Edwardian Room，烛光下俯观中央公园和繁华的第五街，是毕生难忘的经验。

印象深刻的酒店也不一定是那么豪华的，像瑞士的 Le Montreux Palace 就是个例子。瑞士不完全是湖泊和雪山，在南边的里维耶拉海岸耸立着的这家旅馆，它的大餐厅简直是出入一幅十八世纪的名画。说到Riviera里维耶拉，法国的很丑，如尼斯康城都太商业化了。瑞士的里维耶拉不错，最不受旅客重视的是意大利的里维耶拉，其中一个港口Portofino，彩漆房屋倒影在清澈的海中，Splendido这家酒店，许多不朽的巨星都住过，壁上挂着他们的签名照片。每间房都有阳台，全室古董陈设，看不到一件新发明，但是一按钮，最尖端的科技电器都冒了出来。

"所有的出名旅馆你都住过了！"友人说。

"哪里！全球无数的好酒店，每晚住一间，十世人都住不完。"我回答。

"那么还有什么地方是你想住的？"友人问。

太多了。

脑中一闪而过的是南太平洋的斐济群岛中的Turtle Island，这里只能住十四对客人，乘水上飞机抵达后入住一千英尺大的棕榈叶顶屋子，每对一间。房内布满鲜花，床巨大，阳台还有个挂床，五十个工作人员轮流地服侍你。大师傅烧龙虾餐、牛扒和由三英亩私家农地种出来的蔬菜。名法国红酒和香槟是能喝多少就供应多少的。吃喝完毕到岛上一望无际的沙滩散步，或在岛中的湖里游泳。《青青珊瑚岛》这部戏就是在这里拍摄的。去过的人都说，这是一个最接近天堂的地方。

我想去。

曼谷东方酒店

为什么曼谷东方酒店一直被旅客认为是世界上最好的旅馆呢?

悠久的历史吧?

教泰王儿女的英国人安娜，于一八六二年抵达泰国时，记录在自传中：六岁的儿子路易站在铁栏后看其他船只，经过一座建筑物，船长道："那是东方酒店。""东方酒店?"小孩子自言自语："为什么我们不能住在那里?"

建于一百二十年前的东方，于一九七六年起了现代化的高楼，剩下旧酒店的一部分罢了，称之为"作家之翼"，因为很多写作人都住过。

Joseph Conrad 在一八八八年写他常在酒吧中和其他客人交换故事："我们谈了沉船的事件，怎么使到一个凡人变成英雄等等。有时，我们一句话也不说，只是望着那条风景变化无穷的河流。”

Somerset Maugham 由清迈坐火车来到曼谷时，患了蚊疟，病得死死的，也不肯住医院。三十五年后他重游，入住东方庆祝八十五岁生日时说：“我当年差点被酒店赶出来，因为他们说要是我死在任何一间房间，都对他们的声誉不好。”

Noel Coward 说：“在露台上，我们每个傍晚都一面喝酒一面看船只的经过，小艇拖着木材在猪肝色的河水中逆流而上，这地方真可爱，我越来越喜欢它。”

Peter Ustinov 除了演戏也常写作，他说：“当我离开的时候，我已经开始了再来的路程。”

并不是每个住客都那么文绉绉，上述几个人的名字，听都没听过，但是当今的英女王不会不知道吧？奥特丽·夏萍、苏菲·罗兰、罗渣·摩尔、伊丽莎白·泰莱等等，数之不清，总之全世界的皇亲国戚，公子哥儿，没有一个不来睹睹东方的风采。

房租贵不贵？这是很多人的第一问题。

两百多一点的美金，便能入住。在香港，这不过是二三流旅馆的价钱。

从外面看起来，没什么嘛！又有人说。

的确，比起旁边建立的香格里拉，东方的外表也不如人。事实上，它有三百五十间房间，就算每一间都住满两人吧，是七百个客，但是酒店总共请了十一个外国人，九百七十七个本地的服务员，比客人还多。

雇员们享受着种种其他行业所无的福利，流动性不大，尤其是出现在大堂中的，都是精挑细选出来，从看门到柜台后的，记忆力特强。你第一次走进去他们客气地点头，第二次见到已自动地前来打招呼，第三次，他们会说：某某先生回来了？某某女士上街吗？和你亲切地交谈。

其他国家的酒店服务员也能受同样的训练呀！虽然有人那么说，但是佛教徒泰国人的笑容，并非一朝一夕建立起来的。

从大多数房间的阳台中，都能望到河，楼下游泳池一共有两个。有个网球场，要乘船到对岸才打得成。对岸上建有一间很大的 Spa，供应从头到脚的按摩服务，浴器是北欧订购的，用电脑打入程序，热水喷着身体的每一个部分。

一对情侣可以同时在新人套房中按摩，三天三夜，连九顿豪华餐，一共是两千块美金，酒店也不踏出一步地享受。

不好此道的客人可以乘酒店的游艇东方皇后号到古迹阿利达由去玩。旅馆也有一个教人烧泰国菜的课程，目前世界各地的名师傅喜欢弄点东方味道入菜，都是在这里学了些皮毛就拿回去当宝。

套房以作家的名家为标志，最大一间是占着顶楼全层的东方套房，花了五十多万美金装修出来，里面有主人房、客人房、佣人房、会议室、图书馆和比普通房大数倍的浴室。一晚要多少钱呢？酒店定价单上并不写明，反正空着是白白地空着，依客人的身份和要求，大家好好商量后决定。

最高级的泰国菜可在 Sala Rim Naam 中找到。法国餐的 Le Normandie 是世界水准，所藏名酒在泰铢大跌下便宜得令人发笑。

咖啡室中有各种水果和蛋糕，美中不足的是它并非二十四小时服务，开到半夜一两点就关门，真是的！

Bamboo Bar 中，黑人乐师雷·查斯曾表演过，每晚有出名的爵士乐队演奏纽奥连爵士，是城中的美男美女集中地。

至于早餐，客人都喜欢在河边进餐，这餐厅晚上供烧烤，早上摆着百多种食物，任由挑选。经营者的口头禅是：酒店业的竞争当今最剧烈了，总有一家新的来抢客人，但是如果我们让客人得到比他付出的钱更多的服务，他们总会记得我们。

坐在河边，读《先驱》报，喝杯咖啡，或叹一口酒，看太阳的升起、降落，那么红、那么大！云朵有如一群白象经过，是毕生难忘的情景。说什么也好，一生之中人总得住一次试试，有机会的话。

Hugo's

去九龙“凯悦酒店”的西餐厅 Hugo's，永远是件乐事。

二十多年来，装修过数次，但还是那个老样子，可能是原先建筑用的材料耐用的缘故，不必多作修改。那几张桌子椅子，没有动过。

唯一的变化是杯子吧，开业时这家餐厅的水杯是绿颜色的玻璃制的，有柚子那般大。打烂的打烂，有时遇到刁客，坚持要一个回家，经理余炳有面现难色，犹豫一刹那，结果还是点头答应。

是的，余炳有，英文名叫宾尼，没有拒绝过客人的要求。从有这家餐厅开始，就有宾尼的存在，他西装笔挺，油光的黑发，近年来已有点灰白。宾尼的头永远是做一个十五度程度的倾斜，来听客人的吩咐。印象中，宾尼从来没有笑过，他说客人笑，已满足。

进门就看到大量的水果和蔬菜，另有一个架子，陈设着今天空运来的海鲜和肉类。

Becon生蚝，比巴黎吃到的肥大，Cherry Stone Clam 也和纽约的 Nathan 一样诱人，还有那条比目鱼，像半张圆桌那么大。

到 Hugo's 当然最好是先订位，临时改变主意光临，宾尼也会想尽办法，为熟客找到一张桌子。

来这里的客人，有八成是爱上这家餐厅的，不乏一到香港，非光顾 Hugo's 不可的旅客。宾尼记忆力极强，按他们的饮食习惯一一招呼。

宾尼当然记得我，我是这家餐厅最坏的客人。

一坐下来，我便要吃丢掉的东西。

第一次做出此等要求，宾尼依旧面陈难色，犹豫一刹那，点头答应。他即刻吩咐厨房，把包在烤牛肉 Roasted Beef 外面的那层肥膏替我片了下来。烤牛肉最好吃的就是这个部分，鬼佬拼命叫侍者把它切掉，实在是不可饶恕的暴殄天物行为。

牛肥膏上桌，外层像烤鸭皮那么爽脆，内层还带了一点点的肉，有牛肉干的咬劲，夹在皮和肉之间的肥膏，已经烤得去油，比猪油渣还要甘美。再经宾尼的监督，嘱大师傅在上桌之前再煎一煎热，以此道菜送饭前烈酒，已是一大享受。

问宾尼："要算多少钱？"

又是难色，他反问说："怎么算呢？"

一起去的友人有些不吃牛肉，有些怕死，也可以叫他们的鹅肝酱或伊朗鱼子酱当头盘，或者来半打生蚝。如果，不吃生的，把蚝挖出来，蚝壳下面铺菠菜，上面加乳油，焗一焗，也是选择，但是我绝对反对这种吃法。

爱吃素，要个菠菜汤好了。Hugo's 用一个薯仔，切下顶上一片当盖子，把菠菜打磨成汤，装在里面，放进焗炉焗，盖上盖，整粒的薯仔上桌，打开，中间的汤油绿，美得像艺术品，又好喝得不得了。

主菜还没来之前，可叫一客生鞑靼牛肉，侍者推车到客人面前，试了又试，调味试到满意为止。但这道菜不宜多吃，最好是一客分给五个人，一人一小口。要是西人烛光晚餐的话，来半斋，再分半，即可。

又把宾尼找回来商量。

“什么？”他说，“又要丢掉的那部分？”

我点头。

这次不是烤牛肉皮，而是大比目鱼的边，比目鱼身最好吃的就是那道边了。我在西班牙小岛伊碧莎的老嬉皮开的餐厅中吃过，毕生难忘。

“什么？”宾尼又问，“要用豉汁蒸？”

我又点头。

再次给我一阵难色看后，宾尼当然照办，切下大比目鱼一道大边，请师傅蒸去。你永远想不到西餐厅中蒸出来的东西，绝不比出名的中厨逊色，保持着香港人吃鱼的水准，黏在大条骨刺上的，还带一点生。宾尼说既然西餐中吃，奉上筷子。

但是我干脆用手指抓着大骨头一根一根地吸噬，然后摆在盘子边缘，变成美丽的图案。

宾尼摇头赞叹，点头欣赏，还没忘记添了一碗热腾腾的白饭，让我浇鱼汁来送酒。

东西太好吃，说了老半天不记得谈酒，Hugo's 有个大酒窖，珍藏甚多。主管路易士可以介绍一瓶价钱适中，但又好喝的红酒。要豪华，陈酿数之不清。客人还可以用目前的价格，依爱好订下一批，路易士便会专门为他们印制一张私人酒牌，让这个人请来的客人挑选。但这种行为太过招摇，不是我爱做的。

甜品中最特别的是蒸乳酪的苏扶丽，依客人胃口加橘子味、士多啤梨味，但也可以按照吩咐，以姜汁蒸，一味弄到你舒服为止。

一碟碟的巧克力是奉送的，爱雪糕的人可以吃巧克力皮包的雪糕，装在冒浓烟的干冰碟中上桌。

“什么？”宾尼又问，但只有点头答应。

冲进厨房，足足有两千英尺大，里面的巧克力架子有如银行保险库，一格一格拉出来，挑了两粒来吃，才肯离去。

料理的铁人

日本最受欢迎的电视节目，并非连续剧，而是关于烧菜的《料理的铁人》。

每星期五播送，一个半小时，至今已三年左右的长寿了。

所谓"铁人"，是由富士电视台选了三个大厨子，分日、法、中三派，让日本各家名餐厅的大师傅挑战，看谁烧菜的本领高强。

拍摄方法有如电影，先来个交响曲及大合唱，三个大厨子在烟雾中升起。一方面以低角度拍挑战者，如巨人般的进场，任由他从三个铁人中选出一个来做决赛。

大会司仪是香港人熟悉的鹿贺丈史，此君就是《抢钱家族》的男主角，穿着钉珠片的绒长袍，设计古怪，彩色鲜艳。他用夸张的动作和语气，大叫："今天的主题，就是这个！"

掀开大布，原来是螃蟹或鱿鱼或鸭，每个星期都不同，决战双方事前都不知道是什么。

烧菜时间限定一个小时，要做多少个菜由双方自己决定，但必须在六十分钟内完成。

比赛开始，各人前来拿材料之后，便做将起来，双方允许有两个助手分担工作。

主席位中坐着一名司仪解释过程，他身旁的人叫服部幸应，为大阪出名的“服部料理学院”院长，以专家身份说明各种材料的应用和烧菜的手法。另派一名探子，在现场团团乱转，打听双方欲发的招数，向观众报告。

评判共有三至五人，试双方菜肴，加以评分，以决胜负。我担任过数次，前两次是他们的特别节目，来香港比赛的和在东京举行的国际赛。

铁人方面来头不小，日本菜师传叫道场六三郎，在新桥自创“银座六三亭”，被公认为最大名厨。法国菜由坂井宏行处理，外国留学后返日，以在新派法国菜中加入怀石料理见称。中菜则以陈建一为代表，他父亲陈建义创办四川饭店，被誉为四川料理之王。

国际赛那回在有明运动场举行，现场观众六千多名，由法国和意大利请来的三星名厨和日本人决斗。节目时间延长至两个半钟头。

法国名厨丹尼尔首创菜肴中以汤汁绘画，东西又好吃，实在是高手。意大利名厨胜在菜式适合日本人胃口，又大量加钻石一般贵的意大利白菌。

五个评判中有前总理海部、法国女明星等，都给了意大利人满分，只有我一人欣赏法国人的手艺，结果还是意大利赢了。我跑到后台去安慰丹尼尔，他把我紧紧拥抱，此君将在月底来香港做菜，说煮一餐心血来报答。

遇到道场六三郎时，意大利人还是输了。道场六三郎的确有大师傅的风范，他今年六十四岁，精神得很，瞪大了眼睛，沉着应战。 意大利人急得手忙脚乱时，他拿着一卷宣纸，用毛笔挥出这次要做的菜名。

名贵佐料任取，道场六三郎在传统日本菜中，已用海胆龙虾等，又加入伊朗鱼子酱、法国鹅肝酱等等，令本来味道单调的怀石料理起了变化，美观又美味。

现场除了观众之外，过去参加过比赛的一百多位大师傅也出席，各人戴着白色厨师高帽进场，声势浩大。铁人乘直升机降落，也蛮有气氛。结果收视率打破纪录，有两千万人看此节目。

香港那次在海运大厦的停车场举行，搭了个巨大的布景，背着维多利亚港口。由“镛记”大厨梁伟基挑战日籍华人陈建一。

陈建一身材略为肥胖，做菜时很紧张，满头大汗。当天的主题是猪肉，他取材时连猪头也拿走，结果没有用到。梁伟基也同样地有点肥，但比较稳重，他自信地做出几道菜来，甜品还捏了十几只小猪，放进焗炉中烤后，更像乳猪，完成了拿出来，动了一动，小猪们像活生生地跳跃着。

梁伟基在烧菜时极有把握，大镬数次冒出熊熊巨火，他又一面炒一面叫观众打气，表演精神十足，菜式精彩，惹得众人大力鼓掌。

陈建一的四川风味在烹调技巧和色香中略输一筹，结果是梁师傅胜出。

试菜过程中由司仪鹿贺丈史询问我们的意见。评判有食家岸朝子和电影明星浅野裕子等人，日本人向来客气，永远是先说好吃，不过怎么样，怎么样，从不坦率批评。成龙、吴家丽和我则是有什么说什么，好吃就好吃，难吃就难吃，日本观众大赞说得过瘾。

有时大师傅们用得太多鱼子酱，我想批评为喧宾夺主，但日文中没这句成语，只好说像一个大相扑手到你家做客，主人看不见了，也简单明了。

至今富士电视台请来的挑战者都是职业的厨师，他们战胜或打输，都对所属餐厅做了很大的免费宣传。其实，要是让普通观众有机会和铁人斗一斗，也是很好玩的，一个钟头之内，做出十个菜的家庭主妇也不少，这群非专业人士上战场，有大把机会把铁人打得落花流水。

洪金宝餐厅

我们来到新泽西，是一面看外景，一面把成龙下一部戏的剧本弄得尽量完善为止。

住的地方离纽约约一小时车程。为什么不干脆住纽约呢？理由很简单，导演洪金宝在这里买了一间屋子。

而洪金宝为什么会选上这地方？因为他的老友郑康业住在附近，洪导演的女儿在这里上学，两个家庭，大家有个照应。

一行五人，两位编剧、副导、策划与我，本来租了酒店，但洪导演说方便大家聊至深夜，便搬进他的家。

三千英尺左右的居处，前后花园。整间屋子最吸引人的，就是这个大厨房了。

餐桌在厨房的旁边。我们除了睡觉，一切活动完全围绕在厨房之中。

厨房一角是个大煤气炉，兼有焗炉和微波炉。所有餐具应有尽有，当然有各色的调味品，柴米油盐，更是不在话下。公仔即食面每箱二十四包，一叠数箱。贮藏室中，罐头食物数百罐。煲汤材料、清补凉、梅干菜、墨鱼干、南北杏、蜜枣、五香八角，数之不尽。

大冰箱被火腿、香肠、鸡蛋、牛奶、蔬菜塞满，冰格中有大块的急冻肉类，随时取出在微波炉解冻，即能煲出各种比“阿二靓汤”更靓的汤。

基本上，一天七餐是逃不了的。六点钟起床，先来咖啡、茶、面包。到九点正式早餐，有人吃奄姆列，有人下面，中西各凭爱好决定。中餐十二点，炒饭、炒河粉加各色菜肴。四点钟吃下午茶，饼干、蛋糕、三文治和汉堡包。晚上七点正式晚餐，最为丰富，大鱼大肉。半夜十二点吃第一次宵夜，谈剧本谈至清晨三点，第二次宵夜。第二天六点，又是早餐，不断地恶性循环。间中有人疲倦了就去小睡，起来看见的，又是一碗熟腾的靓汤等着你。

由第一天住洪金宝导演家开始，已经吃得不能再动。从此，我们每天喊着要吃清淡一点。

“好。”洪导演说，“今晚只吃水饺如何？”

大家举手同意。

但一到餐桌，发现除了那一百多个水饺，至少加了七八道菜：炖鸡汤、豆腐干炒芹菜和辣椒、猪扒洋葱、炒西蓝花、冬笋焖肉、蒸一条鱼、炒饭、蚝油菜心等等等等，饭后的红豆沙冰淇淋、酒酿丸子……

看外景的那数天中，回家之前必定到附近的超级市场或唐人街菜市进货，大小包裹几个人提着，分类之后把塑胶空袋数一数，至少四五十个。

剧本一天天地完成。

食物也一天天地增加。众人技痒，加入烹调队伍，洪太高丽虹中西餐都拿手。工作人员之中，厨技幼稚的炒蛋煎香肠。客串厨师的高手们，偶尔表演，化腐朽为神奇，简单材料煮炒得像满汉全席。晚上将要扔掉的西蓝花梗切片，浸在蒜蓉指天椒和鱼露之中，第二天便完成一道惹味的泡菜。

一面吃饭，一面谈论香港的餐厅哪间最好。“但是我在台北吃到更好的。”有人说。这一来，话题又扯得越来越广，全世界的食物都有一个故事。

在美国最浪费时间的是坐在车上，有什么比谈食物更容易打发？行车途中，必商量明天吃什么？下一餐吃什么？利用这段空间，把食谱设计，记录下来，看要买什么材料，一写就是数页纸，大家感叹：“写剧本的速度和效率，有这么高，就发达了。”

厨房和整间屋子的清洁工作，全交洪太处理，她除了洗烫各人的衣服之外，还将碗洗得一干二净，又拖厨房地板，真想不到这位大美人那么贤淑。

洪太是位混血儿，但比许多纯种的中国人更中国人，喜读金庸小说，为丈夫当英语翻译兼秘书工作，对我们这群恶客的照顾更是无微不至。金宝兄不知是何时修来的福气，娶到这位娇妻，最大奇迹，是高小姐跟了洪金宝那么久，竟然不会和他一样肥胖。

洪导演是一位很孝顺父母的人，爱小孩、爱狗只马匹，厨艺并不逊演技和导演功夫。我们吃他的菜，吃得大喊救命时，他又来一道新的佳肴，我们忍不住又伸出筷子，听我们大赞之后，他的口头禅永远是："你们还没有吃过我妈煮的餸呢。"

我们自从在西班牙拍《快餐车》至今，已有十多年交情，当时在西班牙，也是他从头煮到尾。摸清他的个性，唯一应付他的方法是带大量普洱，沏出浓如墨汁的茶，一天喝它数十杯，便不怕洪导演的食物攻击。

眼见其他人的脸都逐渐圆满，每人重出十公斤来，不禁窃笑，早叫他们喝茶，还是不听话去喝咖啡，加乳加糖，不增肥有鬼。

终于到了返港的前一个晚上，众人又再要求吃得简单，"好。"洪导演说，"今晚只吃咖喱饭，如何？"大家举手同意，他又说："买四只大波士顿龙虾，切来灼咖喱汁，头尾和壳，用来熬豆腐芥菜汤……"

洪金宝餐厅，又开始营业了。

万寿宫主人

墨尔本的中国餐厅，生意做得最成功的，是一家叫“万寿宫”，英文叫 Flower Drum 的馆子。

门口很小，乘电梯到二楼，别有洞天，宽阔的大厅，还有新人宴客房数间，全部近万英尺。

布置朴实，并不花巧，没有尽量讨好洋人的味道。

食物也一样不折中，保持粤菜特色，价钱算是全城最贵之一。顾客以洋人居多，都是大机构的宴会，签单吃公账的。间中的长期客人，吃完回头的也不少。

好餐厅的主要条件是保持水准，才能一做数十年；而品质的控制，全靠长期驻守的老板本人。

英文名叫 Gilbert 的刘华铿先生，在洋人社会上也是位响当当的人物。

刘先生今年约五十岁吧，永远保持笑容，双手握着、弯着身、侧着耳朵，听客人的吩咐。到“万寿宫”去，遇到刘先生本人，准有一流的服务。

厨房用十几位师傅，楼面二三十人。一家餐厅，由碗碟筷子，到水槽中有多少条鱼，刘先生一清二楚，进货自己一手包办，从豆芽到酒水。

“但是，”我说，“这很黏身的呀！做餐厅的毛病，就是走不开，我一些好朋友都是开餐厅的，叫他们出国旅行，他们总是走不开、走不开地叫。”

“一定要走开。”刘先生说，“整天对着同一班同事，你不嫌烦，人家也觉得你讨厌。”

“一放手水准会不会差了？”

“一定会的，”他说，“总是些小问题，无关重要的投诉。我虽然说要走开，但是我得补充，走只能一次走一个月，便一定不会出大毛病。”

“一年只得一个月假期，像你这么喜欢旅行的人也不够呀！”我说。

刘先生笑着：“我每年要出门三个月的，但可以分三次走呀。每四个月出去一次，够了。平时每样东西都要盯得紧，一出门，什么都不管，电话也不打一个，不然等于留下来。将事情交给人家去做，就让他担当，有什么差错由他去负责，这才叫放得下来。 但是，要是玩得高兴，一去一年半载，那就糟糕了。这世界很公平，你不付出劳力，只用金钱开店，人家做个半死，也只是一份薪水，那么你想想，他们会不会为你拼命呢？”

“你会一直做下去吗？”我问。

“我很享受做餐厅的工作。”刘先生回答，“我认识了不少好朋友，除了客人，卖货的，我也请他们坐下吃饭喝酒聊天。但是你要保持一个永远对他们货品不满足的态度，你自己要一直寻求品质更高、价钱更便宜的对象。一满足，懒性跟着来，迟早又要出毛病。”

刘先生三句不离本行，但我认为却是宝贵的意见，因为我对经营餐厅的兴趣也极为浓厚。

“有些朋友开了馆子，进货时大师傅打斧头，一斤肉炒少了几道菜，赚得不少。要抓又抓不到证据，生气也没办法。”我说。

“起因都是自己不在现场。”他说，“亲自监督，长年做下来，什么都熟了，怎会出娄子？我也明白有些人要做很多其他事，不能老泡在餐厅里，但也可以做一个报告呀。一天进多少货，青菜水果肉类，一项一项清楚列下来，能够炒多少碟菜？可以赚多少钱？都会成为惯例的。再把货品和不同的菜市比较一下，大师傅什么手脚都做不出。”

“酒水呢？”

“也是同一个道理呀。不过在标价上有点学问。”

“什么学问？”

“就是永远不要让客人认为你赚他们太多钱。”

“那么什么标法？”

"比方说一瓶红酒，外面卖十块钱，大多数人都想赚一倍以上，就标二十块，客人一定哗的一声叫出来。我的纯利一向只叫七八十百分点，外面卖十块，我卖十四块，客人认为这也是应该的。但是我大量进货时有折扣，卖十四块，已达到我的纯利的目的。"他解释。

"你打算一直做下去吗？"

"也会有退休的一天。"

"那么把店铺卖了？"

"就算卖掉，水准不像从前，也对不起一直支持我们的常客。"他有点唏嘘。

"到退休一天就把铺子关了？"

"也不至于到这地步。"刘先生说，"我可以逐渐退出的，把股份分给能够负责管理的人，让这个招牌一直活下去，是我的愿望。"

一席之话，实在学了不少东西，刘先生又忙着招呼其他客人了。

在我旁边一桌的一个中国人，可能是刘先生的同行，有点嫉妒地："这个人整天那么打躬作揖，假得很。"

我听了忍不住插嘴："就算假，假了那么几十年，也是真的了。"

全羊谱

为我画插图的苏美璐现居英国，羊肉是当地最便宜的材料，现在和她研究一套羊谱，供日后料理起来，花样更多。先了解洋人对羊各部分的叫法：

一、前蹄和后腿，都一样叫Shank。二、颈就是Neck。三、肉眼Rib Eye。四、肩肉Shoulder。五、肉排Rib Loin。六、胸肉Breast。七、腩肉Flap。八、梅肉Fillet。九、臀肉Rump。十、腿肉Topside，或称Sliverside。十一、不见天Thick Flank。

又，Lamb指一岁以下的小羊，肉质粉红，肥膏雪白。Hogget，中羊、一岁至两岁，肉色较小羊红，更有味道，肥膏部分略硬。Mutton，两岁以上的羊，都已经算老羊了，肥膏呈黄色，肉硬，但味道最浓，适合红烧。

羊肉最好吃、最软的部分当然是小肉排Rack of Lamb和梅肉Fillet以及肉眼Rib Eye。

这三个部分的肉煮起来最快最方便，不应过火。

梅肉或肉眼上撒点胡椒，煎它一煎，两分钟左右，加点酱油，便是最上乘的好菜，这块肉怎么弄都不会老，买一条放在冰格上，要吃时解冻，厚肉煎之，片薄来放在面上，或切丝来炒蔬菜，永不失败。

小羊排购入时是一堆四五块连骨的。分开来煎，像梅肉一样当然可以，整堆料理，或炸或烤，熟后切开，肉呈粉红色，也诱人。

做法也不难，把芥末、酱油和蒜蓉涂在肉上，用锡纸封了，放进焗炉，用二百度，焗个二十分钟即成，但记得焗完后让热量进入肉中，留个五分钟才切。

小肉排上有点肥膏，不喜欢可切净它，但这是最好吃的部分，试过再试，便会爱上。焗的时间是一次比一次更纯熟，随意控制，炮制到最适合你的生熟度为止。

从最容易的煎法一跳，跳到最难的。我们在外国肉档中看到一只只的羊腿，都想做一次来吃，一手抓起它来啃，快乐过鲁智深。

我的经验是把大羊腿放进焗炉之前，用把尖刀给它乱插几十刀，当它是个讨厌的八婆，然后把大蒜瓣儿塞进内里，倒酱油，撒胡椒粉。不必包锡纸，就那么焗，用一百八十度的火，要焗整整的两个半钟头！真的，没骗你，要这么长的时间才行。火熄后，放个十五分钟才拿出来切。我也不赞成学洋人一样，插支温度计。熟能生巧，用什么鸟温度计？用枝镬铲压它一压，软软的感觉，则是太生，有弹性，则已可吃了。硬得要命，已经过火，吃起来像咬发泡胶。

羊腿的传统切法，洋人的习惯是从最厚的部位一刀切下，再左边斜斜地一刀，右边斜斜地一刀，呈 V 字形，但是烧得好的话，怎么切都是一样。

熄火之前把半公斤蘑菇洗净，抛了进去，吸收肉汁，有时蘑菇比肉还要好吃。

羊肉通常都有一层包在肉上的薄筋，洋人叫 Silverskin，银皮，它很影响烹调，用把很利的小刀上上下下地慢慢地将它锯开，或者开个口，用力撕掉。刀不利则东南西北地割它数刀，让筋断掉，也行。

有时，并不一定最贵的肉才好吃，市价中最价贱的前蹄后腿、颈肉等，也有办法来炮制它。

用个深一点的陶碗，将八九块颈肉圆团团地排好，上面铺洋葱、金不换 Basil 或西洋芫荽或番茄酱等，用锡纸把碗盖好，以慢火一百六十度，焗个两小时，即成。

汤方面，可用不见天或腿肉，也很便宜。整团腿肉连骨煲也行。在外国，屠夫多数横锯，带一块圆圈圈的骨头，像个戒指。冰冻后，加两三片腿肉，和南姜一起熬，南姜可在印度店买到，熬个两小时，汤已很浓，喝时下大量的芫荽，非常美味。吃完肉，最后取出戒指骨，吸噬骨内的髓，境界很高。

洋人的 Lamb Fry 并非煎羊肉的意思，而是吃羊肝。买羊肝的时候注意要整个买，羊肝不像牛肝那么大，整个买也吃得完，绝对不要买切成片的，用把小刀将肝上那层薄片剥下来，才不硬。顺便把血管和筋也一齐切下扔掉，冲冷水，去血，以大量洋葱煎之。

羊腰子就比较麻烦，喜欢的话可花时间切掉腰子内的东西，反正羊腰很便宜，多买几个，片的时候不用可惜，大量切走，用醋浸一浸，可去异味。最后以金不换来炒，非常好吃。

腰子两旁是羊膏，为天下至高之美味，可请相熟的屠夫留下来给你，撒上盐，在火上烤之。吃时切成细粒或细条，夹着羊排或羊梅肉吃，成为半肥瘦，不羡仙人也。

另外有羊腩边炉，把羊腩切成方块，在镬中以蒜头爆香之，加南乳炒，后放进打边炉的锅中煮个三十分钟，加生菜，则会流大量汁。把汁当汤，用切生的羊梅肉来涮，羊汤涮羊肉，香上加香。

羊肉烧烤 BBQ，一般很硬，先暗暗地把羊扒用慢火炖个半小时，取出，再在火上烧烤，外层略焦，肉入口即化，洋人想爆了头，也想不到我们会用这种方法炮制的。

面食早点

家政助理爱丝特拉，在吾家工作已八年，她清楚我极爱面食，每日早餐，必有变化，我们互相切磋，做出以下数种，现记录之，以供同好参考：

星期一，即食面：以虾米当汤底，虾米不一定要最贵，但须选产自马来西亚浮罗交怡岛的，或潮州之金钩，以中小型者为佳。抓一把，约二十尾左右，撒入滚水中，出一次水，再熬五分钟左右，汤底即成。

灼熟菜心，将放在冰箱中的叉烧取出，叉烧可预先买下一条半肥瘦者备用，切片，在另一个锅中热之，不能同面一锅煮，否则红染料脱落，色泽不雅。加菜心和叉烧入滚汤中，即能上桌。不用叉烧的话，以其他剩菜当料亦可。

进食之前加一小撮冬菜，别让它浸入汤中，浮在汤上，如葱花。

煮面的时间依产品而定，弹牙的“中华三味”需时较多，“出前一丁”煮一二分钟。至于“幅”字牌面，连煮都不必煮，浸在滚汤中即食。

星期二，捞面：向街市的面档买细条的广东面炮制，最好向有水准的云吞面店单单购买其面条备用。

将星期一剩下的那包即食面中的汤粉取出，加入滚水中，或者加昆布粉末当汤也可以，切忌用白水烫面。白水无味，煮出的面味道不足。

灼面时间由经验得来，一两分钟足够，过冷水，在水龙头下冲一冲，再将面投入汤中。

另外以肥牛肉，或封门肚切丝，用老抽或少许面酱炒之，这两个部分的牛肉无论炒得太生或太老，都不好吃，又准备些灼熟的豆芽。

三种材料的烹调同时进行，面条由汤中捞起，入碟。上面铺着豆芽，豆芽上面又铺着牛肉丝。

当然，捞面的面条中能加一小匙猪油拌之，则成上上等。

星期三，猪脚面线：将一锅猪脚红烧，嫌肉多用猪手也行。方法随喜爱而异，有时放点八角，有时只用生抽，别忘记放入一小块冰糖，不然以鱼露红烧亦可，但不能再加冰糖了。

灼面线的功夫最难。买面线一盒，用三把已足够，不用汤底，白水滚之，加入面线，用长筷拼命把面线拨开，不让它黏在一起。煮个三十秒，倒掉浓浊的汤水，再注入滚水。

把猪脚铺在面上，猪脚的汁混入面线的滚水中，已自然成为一碗好汤。

星期四，炆伊面：将前一天的红烧猪脚汁料留下备用。买两饼伊面，水滚后烫它一烫，将面条中的油完全冲走后捞起。

另滚锅水煮之，伊面相当的韧，至少煮个两分钟，水不要多，煮至干。见伊面干时，把红烧猪脚汁对水加入，又煮至干，再加汁，再干，又加，又干为止。

同时在另一个镬中炒金钱肚，金钱肚本来是很硬的东西，但只要切得薄，入口松化，不必用太多配料，老抽与花雕已足够，兜一兜即行。爆油之前放大量蒜头，是秘诀。

把金钱肚铺在伊面上，加几根灼好的芥兰尤佳。

星期五，炸酱面：切黄瓜丝，不然只用黄瓜皮，用醋和糖拌之备用。灼熟豆芽，要豪华一点，煎蛋后切丝。

将大白菜切成牙签般大小，猪肉亦是愈细愈好，加点泡开的虾米，放点姜汁和少许糖，最后的北方面酱要多放，一块炒之。

同时把面条煮熟捞出，嫌白色的粗面不够味道的话，可用黄色的福建面代替之。

吃时先淋上炸酱，铺了黄瓜皮、豆芽和鸡蛋丝拌均匀。别忘记一手抓筷子一手抓根大葱，觉面酱太咸，即咬一口大葱，过瘾之至。

星期六，金瓜炒米粉：金瓜，即是南瓜，买中型的，用个铁刨刨成细丝。本来这道菜是用面线来炒的，但是细面线时间很难控制，粗的又太像面条，以米粉代替最佳。大陆制的米粉不如台湾新竹的好吃，切记用台湾米粉。

将米粉放在冷水中泡开备用。油滚后加蒜头爆之，随即加入金瓜丝炒熟，然后再放米粉，另备一碗上汤，米粉一干即加汤煨之。

金瓜本身已甜，忌用糖或味精。加豆芽炒至半生熟，最后下大量剥好的蚬肉，蚬肉一熟，即能上桌。金黄色，热腾腾的一碟摆在眼前，食欲大振。

礼拜日，福建炒面：用黄颜色的福建油面做主要原料，下油炒之，面欲焦时加清水，又事先将两尾大地鱼烤后舂成粉末。一面炒，一面加大地鱼末，面能炒得香，全靠此策。炒至中途，打入两只鸡蛋。

佐料可以丰富地用鲜虾、鲜鱿、猪肝、香肠片、韭菜、豆芽、菜心等，应有尽有，加入后上镬蒸煨之。

秘诀在加猪油渣。福建炒面，不用猪油炒，又不加猪油渣的话，不吃也罢。

这么麻烦的过程，应自己动手，今天爱丝特拉休息，不必麻烦她。至今，她只学会六种面食。

Mail
Music
Safari
YouTube

名著菜谱

“你最想吃的，是什么菜？”常有人这样问我。

答案肯定是：“黄蓉煮给洪七公吃的菜。”

哈哈哈，那是金庸的幻想，不可能做到的，他们说。不可能的事，要是不试，就说不可能，难于说服我。至今搜索，终于遇见“鸿星酒家”的老板何永年和大师傅周权忠，两人叫好，烧给你试试。

约好了的日子来到，但接何永年电话，说要多一点时间研究。我说：“干脆来个名著宴，连《红楼梦》、《金瓶梅》里写过的都选几样出来做！”

终于在“鸿星”新开张的海湾道瑞安中心里安排好，今晚一共吃了十五道菜。

第一道上桌的是蒸豆腐，看起来是一碟碧绿的蔬菜中有八九个鱼蛋般大小的丸子。

“照足书来做是不行的。”周权忠说，“书上说把火腿剖半，酿入豆腐蒸，我试过，豆腐都被压扁。”

用汤匙舀了一粒圆形的豆腐入口，非常好吃。即刻问：“那你怎么变化？”

周权忠解释：“我用挖薯仔或挖西瓜的东西，拿去挖豆腐，豆腐呈圆状，再浸入慢火熬出的火腿汁三个钟头，捞起蒸熟。火腿用整只，不偷工减料。”

虽然不是书上写的，但也花了心机，扮相好，味道又着实不错，这道菜，平时大餐厅里也可以卖。

炒白菜依足书上，选肥美的小白菜心，加用上汤煨过的雪白鸭掌切丝去炒，精美得很。

熏田鸡腿用的田鸡不够肥，不如“天香楼”做得好吃。

好逑汤在书中是用樱桃酿斑鸠肉加荷花荷叶的，当今没有樱桃，以小红番茄代之，酿肉后加冬笋粒，荷花亦不当造，把玫瑰花派上用场，当然没有书上那么诱人，也下足工夫。

“玉笛谁家听落梅”，书上是用牛腰、黄麖、兔、猪和羊五种肉黏在一起白灼。周权忠说肉黏不着，改为切丝后互相织起来。弃兔肉，以猪耳代替，为什么用猪耳？周师傅解释：猪耳弹牙，菜名中有个“听”字之故。

吃过《射雕英雄传》菜，下来的是《金瓶梅》菜了，一共有乌衣鸡、一龙戏二珠汤、菜卷儿、糟鸭、羊角葱火川核桃肉、蝴蝶卷、八宝肥鸭、烩猪头和鳝鱼面九道。

篇幅不够，不能一一道来，菜卷儿是用黄芽白菜的菜心，加萝卜片、素鹅和四季豆放在一起，以墨鱼的胶黏住，上面加七个蟹黄点缀，蒸出小巧玲珑的卷儿。每人只吃了一口，点到为止。

羊角葱火川核桃肉的羊角，周师傅说他研究了半天，不知是什么羊角，最后跑到药材铺去买羚角来滚汤，葱则用北葱，至于那个“火川”，大家都以为是“炒”字写歪了，我回家翻《辞海》也找不到这个字，唯有求《康熙字典》。哈哈，有了，是火土之意。 大概是把核桃拿来像炒栗子般的炮制吧。

八宝肥鸭是用四种蔬菜和四种肉酿在鸭身中，我仔细地数，蔬菜多了一样，共有竹笙、莲子、黄耳、蘑菇、草菇和冬菇，肉类有咸蛋黄、瑶柱、烧肉，加起来九种，应该叫为“九宝鸭”才对。

糟鸭则是先把红糟涂在鸭皮上，蒸熟后退骨，将剩下的汁和红糟、蒜蓉一起爆香后淋上，小小件地斩，每人一件。上过的菜，都吃不饱人。

压轴的是以最便宜的材料，上大场面的烩猪头。

菜名是烩，其实是先烤后烩，整个猪头先用粗盐腌之，挂起风干，再像烤乳猪一样把皮烧得脆啪啪。

只是烤的话，肉不够软熟，需再烩之，烩汁是用鸡、火腿、瑶柱熬出来的。

烩后这个六斤重的猪头拿到桌旁，香喷喷的，周师傅拿了利刀，像片烤鸭一样，把面颊的部分切下来给我送酒，天下美味也。

邻室陈任兄宴客，听到有此道菜，跑进来把剩下的猪头捧去和他数位教授朋友分享，大家都一致赞好。

再吃不饱的话，还有鳝鱼面，用芽菜、冬菇、果皮丝和爆香的蒜蓉以及鳝片煮汤。面则用日本面，虽味佳，但大家说回钓鱼岛事件，还是用回北京拉面好。

问主人何永年兄："那么复杂，如果有朋友也要来一席，可否做到？"

"都是事前准备的功夫，早一两天通知，即可。"回答得轻松。

何永年是顺德人，本身就喜欢研究吃的，和师傅周权忠两人都喜欢新口味。配合得好，又肯努力做新花样，他们创出来的石头鱼菜，已脍炙人口。

我们这些差不多每晚都要应酬的人，看到白灼虾、鱼翅、鲍鱼、鹅掌花胶、蒸苏眉、燕窝等，已经怕怕，尤其是补助的炸子鸡，更没人动筷，有这一桌名著菜来改改胃口，是多么高兴的一件事！

最后的甜品是取自《红楼梦》的奶油松瓤卷酥，这个"瓤"字和"囊"字同义。松瓤，也许是松蓉吧，用松蓉来做甜品，亏曹雪芹想得出。

吃剩一大堆菜，一位走进来偷看的八婆朋友大喊："那么浪费，有报应的，你后世一定是穷光蛋。"

我咬着牙签，拍拍肚子："你怎么不会去那么想：我的前世，是饿死的？"

咸酸甜

一

小时候，一生病，妈妈就带我去一家叫“杏生堂”的中药局去看医生。

把把脉，伸出条舌头，这就能看出病来吗？我一直怀疑。煎出来的那碗浓药将会那么难喝，打个冷颤，但又想起喝完药后的加应子、陈皮梅、杏脯，都是我爱吃的东西，这就是大人所说的先苦后甜吧。

病了最好是吃粥。我不喜欢白粥，但却极喜欢下粥的咸酸甜。

潮州人自古穷困，吃一点盐腌的食物便能连吞三碗白粥，后来连菜餸也叫成咸，吃饭的时候，父母总命令孩子：“别猛吞饭，多吃咸。”

所谓咸酸甜，便是专门送白粥的小吃。将各种材料腌成咸的、酸的、甜的，简称咸酸甜。

妈妈带着我，从“杏生堂”步行至新巴刹。巴刹，由阿拉伯语的 Bazaar 音译过来，市场的意思。这个新巴刹的客人以潮州人为主，露天菜市中，有一档我们常光顾的咸酸甜。

由一位中年妇女挑着担子，扁担两头各有一个大铁盘，上面一堆一堆的小菜，咸酸菜是黄的、半截咸橄榄是紫的、酸胡萝卜是红的，彩色缤纷，未尝味道，已经口水直流。

代表性的当然是咸酸菜，古老潮州人无此小菜不欢，像韩国人的金渍 Kimchi 泡菜一样。到今天，上潮州菜馆时，桌上一定先来一碟咸酸菜，好坏一试就知。此碟菜要是做得不好，那间餐馆就别去了。

咸酸菜是用芥菜头腌的，酿制后发酵，产生酸味，切成块状，最后撒上南姜粉。高手做出来的咸酸甜适中，味道错综复杂，一试便放不下筷子，直吃到咸死、酸死、甜死为止。

“死”字，潮州话中已不是字面上的意思，表示“很”或“非常”，并非不吉祥之语。

咸死人的，莫过于一种叫蚋蟟的小贝，它的壳一边大一边小，但夹得紧紧的，永远剥不开，吃时只要用拇指和食指捏起，以拇指轻轻一推，便出现了又薄又细的肉，没有吃头，吞进口只觉一阵鱼腥，再来便是完全的死咸。

咸中带香的是小蟛蜞，铜板般大，用酱油炮制，打开壳，里面充满膏，仔细嚼噬，一阵阵香味，好吃无比，是只迷你大闸蟹。近年已不见此种蟛蜞，大概河水污染，都死光了，只在泰国才看到，泰国菜中有一道叫“宋丹”的，把生木瓜丝舂碎来吃，舂的时候要下一只蟛蜞，味道才不单调。

上海人也爱吃蟛蜞，上海的咸菜之中，有许多和潮州非常相似。除了蟛蜞之外，还有他们的“黄泥螺”，潮州人也吃，叫“钱螺鸡”，这个“鸡”字，凡是海产腌制的都叫“鸡”，只是个声音，真正字我查不出是怎么写的。

细心食之，会发现上海黄泥螺比潮州的大，肉肥、壳较厚，这种指甲般大的螺，放在口中一吸，整块螺肉入嘴，剩下透明的壳。潮州的肉小，但较柔软，吃了没有渣，各有特色。我还是喜欢上海的，现在也可以在南货店中买到，装在一个果酱玻璃樽内，但嫌它太咸不能多吃，最近发现上海老铺“邵万生”有此产品，包装得漂亮，螺肉大，不太咸，可以一连吃二三十粒也不口渴，一罐也要卖六十多块港币了。

潮州咸酸甜中，盐水橄榄是不可不谈，它有整节拇指般大，外层黑漆漆，已被浸得软软的，一口咬下，肉是紫颜色，三两下子便吃得只剩下那颗大核。等大人吃完后，收集了五六粒，便放在地上拿铁锤来击之，碎得刚好的话，果仁完美地裂出，吃了有阵极特别的香味，比花生核桃好吃数十倍。但是敲得不准，核断成两截，仁酿在核中，只好用牙签挖，一定不能完整地挖出来，只能吃到那么一点点，非常懊恼。

有时小贩也将黑橄榄的核剥出，留下两截肉，压得扁扁地拿来卖，称之为榄角，这又是另一种方法的炮制，加了糖，咸中带甜，从前买了就那么吃将起来。现在偶然在街市上看到，见苍蝇钉在榄肉上，已不太敢吃。最后还是买回来，用冷水冲一冲之后，铺在鱼上面蒸，是道很美味的菜。

大芥菜切块后，用鱼露腌之，也是我最爱吃的。它的味道有点苦，也有点辣，很吸引人。因为太过喜欢吃，后来自己学会炮制，改良又改良，现在家里做的芥菜泡菜，水准已远超小贩卖的了。

我家的泡菜，放大量的蒜头，加泰国指天椒，添少许的糖。鱼露的腥气使蔬菜中有肉味，并非只是素菜那么简单，泡了数天，又有点酸味。

吃起来，甜酸苦辣，和人生一样，有哀愁，也有它的欢乐。

经过物质贫乏的日子，只靠泡菜下饭，人生坚强得多。现在在超级市场中任何东西都有，人们只懂得享受，不能回头，我庆幸自己没有忘记简单、淳朴的过往，什么事都难不倒我。吃泡菜和白粥，照样能过活。

咸酸甜，日日是好日。

李伯清火锅城

当地友人带我们到成都羊市街西延抚琴西路二〇八号的“李伯清火锅城”去。

“李伯清是谁？”看到招牌上画着一个马脸又秃头的人像，第一个反应是这个问题。

“说笑的。”朋友解释，“电台电视都有他的节目，最近他灌的录音带也卖得一干二净，是四川省中最出名的笑匠。”

登上二楼，一看，一个至少上万英尺的大厅里，挤满客人，嘈杂声冲天。

伙计带我们一行七个坐下，四周一看，除五六行供自助菜肉的摊子之外，有个小舞台，墙上的玻璃室中坐着两个唱片骑师，另一边是灯光控制塔。

学黎明穿着没有袖子服装的歌手在大叫大唱，吵上加吵，闹上加闹。

走近食物台一看，牛肉、牛百叶、猪肝、猪血、鲢鱼、鲍鱼片、血淋淋的鳝鱼条、A菜、莴苣、红色油菜、菠菜、苋菜、萝卜、豆腐、腐皮、生鱿鱼、发了的鱿鱼、粉丝、面、饺子等等等等，数之不尽。旁边还有馒头、蒸饺、粉蒸肉等等点心，再有七八种例汤，任君选择，但看起来，没有一样是诱人的。

柱上贴了一张纸，写着："锅里食物，吃剩五百克者，结账时按照银码，加三十百分点。"

看你怕不怕？

忽然静下，又传出一阵热烈的掌声，原来是李伯清本人上了台。

"各位好！"这个"好"字叫起来像"浩"，邓小平同志用过，所以听得懂。李伯清这么一叫，大家又拍掌。

一口四川话，仔细听，还是能懂得的。李伯清又说："我不是天天来的，今晚有外地朋友，我请客，看到各位来捧场，全间餐厅坐得满满的，我不上台来说几句，怎对得起大家？"

又赢得欢呼。听到邻桌有人说："他每天都讲同样的。"

李伯清继续拍观众的马屁："人家说我是一个艺术家。我做什么鸟艺术家？我要做各位的朋友！"

即刻，众人还做了他的亲戚，掌声如雷。

一讲，就讲了近一个小时，笑话中包括了香港的成龙，说成龙鼻子大，一些女影迷贴他的照片，屋子太小，只能剪下鼻子来贴。我们听来不觉得什么，但是观众已经笑得倒栽葱。

在香港遇到过一个重庆来的人，问他四川的情况，此人马上脸色一沉，说：“我是来自重庆的。”

原来重庆将成为中共直辖管理的市，重庆人觉得被叫为四川人，是种耻辱。

同样的，成都人对重庆人也很反感，所以李伯清取笑：“我最近到了重庆，大街小巷，竟然找不到一个垃圾桶，以为重庆真干净，其实不是，各位知道是为什么吗？”

“为什么？”众人大喊。

“因为垃圾都丢到地下去。”是李伯清的Punchline。

观众大乐。

好歹把所有笑话说完，轮到又是司仪又是歌手的人高歌。来客的点唱，连绵不绝，他手上一大沓小纸，这种情景，在数十年前的歌厅中看过。

肚子真有点饿了，排队去拿食物。

架上有两种碟子，一大一小，所谓大的，也是很小，设计来让人装不下太多的东西。

火锅上桌，是一个像古老的洗脸盆的东西，上面飘着致命的红色辣椒油，我用筷子试了一口，并不麻，也不够辣。

牛肉渍在苏打粉中泡了很久，一点味道也没有，吃了一片，停下。

“这里从几点开到几点？”找话题解闷，问侍者。

“早上九点开始，一直开，开到三更半夜，最后一个客人走光为止。”侍者回答。

心算一下，一百三十多张桌，平均起来，有一千个客人。自助火锅，每个人虽然只收三十七块，但从早到晚，至少可做五轮生意，等于五千乘三十七，一共十八万五千块人民币，再乘一个月的三十，是五百五十五万块钱。大陆人工便宜，厨房不用大师傅，食物又能花多少？餐厅在大厦的二楼，不是地铺，又非市中心，租金不可能太贵。一切加起来，最多最多两百万搞定，一个月就有三百多万的纯利了，一年不是几千万吗？

在大陆，这种新兴企业家真多，脑筋动得极快。李伯清的笑话，我们听起来可能不好笑，但对他做的生意，俯首称臣。

围炉

正当香港是大热天的时候，反方向在地球下面的澳洲相当地寒冷，一大早只有五六度，半夜温度更低。日落而息，是打边炉的好时光。

把烧红的橄榄核炭放进民国初年制造的铜炉，用鸡骨熬好的汤底，里面先铺了一层鱼蛋、一层猪肉丸和大量的菜，好好地煮它一煮，当然不忘记放潮州人叫“铁甫”的大地鱼干，愈熬愈入味。火慢了，拿到一边用葵扇扇扇，汤一滚，便又能下肉。

这，是儿时的回忆，现在身处异乡，只能急就章。

本来只想买个小电炉，再把锅放在上面，就那么煮将起来，但我们还是花了点钱，购入一个半圆鼎的电锅，悠闲地烹调。

材料实在不俗，以最低廉的代价，便能买到最高级的牛肉和羊肉，这里的屠夫不肯花时间为客人片片，只有自己切肉。

先把牛柳和羊肉眼略为冷冻一下，让它有点僵硬，片起来就方便得多。

刀不利，起先还细心地起双飞，但四公斤的肉，片到手软，后来便愈切愈厚。好在都是最佳的肉质，厚一点薄一点，都同样的柔软，可以遮丑。

其他材料还有鱼、虾、蟹，洗净后备用。

蔬菜最重要，通常人家用的是白菜、菠菜或西洋生菜，但嫌这些都太过单调。

买芽菜，把芹菜边缘剥下来，当成可以吃的线，用它绑豆芽，结成一束束，头尾用刀切齐，这么一来，不怕豆芽散得失去无踪。另一个箍豆芽的方法是将它塞入辣椒圈中，白色豆芽圈了一个红圈或绿圈，煞是好看。

菜心和西洋菜各洗净后卷成一卷，或用空心菜打成一个蝴蝶结，每棵菜一个结，等稍后灼之。

切记要用大量的萝卜来熬汤，本身已甜，兼消除热气，萝卜应是打边炉的主要材料，切片切丝皆宜。

很多人注重汤底，我却认为不应太过花工夫在它上面，因为加了肉和菜之后，汤自然甜。用清水滚之，已足够，不然下一点虾米和雪里蕻即可。

过多的鱼丸、猪肉丸和墨鱼丸，就太容易填满肚子，反客为主。不用又不行，汤滚得跳出锅时，可扔入鱼丸镇压之。豆腐也有此功能，但还是肉丸较佳。

此时若贪便宜，买到死板板的牛羊肉，嚼起来有如木屑，便大煞风景。其实不买肥牛也不要紧，可以向肉贩讨一块牛的肥膏，冷冻后切片。一片精肉一片肥，夹着往边炉里灼个七成熟代替之。

佐料不必弄得太复杂，可用酱油或鱼露为主，加绍酒冲淡，蘸着肉来吃。嗜辣者加切碎的指天椒，只用大量的葱和蒜蓉亦可。这时已经不顾女伴，如果她们不同时吃葱蒜，便熏死她们为止。

喜欢海鲜的人，可先将斩件的螃蟹熬为汤底，虾生灼之。鱼最好用大鳝，切忌鲩鱼，鲩鱼泥土味重，个性又太强，往往令汤变成另一个味道。不爱吃鳝，用鲳鱼片代之，鲳鱼骨少，适合打边炉。

又肉又鱼，汤已极浓。喝汤千万别添进佐料碗中，应换新碗盛之。鱼和羊加起来变个鲜字，一滴味精也不必加，已甜入心肺。

吃得已经不能再动时，学倪匡兄，站起来跳几下，把胃空出两成，继续努力。

汤还剩下很多，便抛入粉丝吸之，最后装回佐料碗中，让大蒜和葱渗进粉丝里，又吃它三大碗。

还有一个方式是借用吃河豚的办法，把白饭倒入汤中，滚成浓粥，打几个鸡蛋下去，煮成糊状，再撒大量的芫荽，淋点小红葱头的干葱丝和猪油，也可吃它三大碗。

我们这个电器大铁鼎，用途变化无穷，有时用来炮制 Shabu-

Shabu，有时吃锄烧 Sukiyaki，但是最妙的，还是羊肉边炉。

用葱蒜把羊腩爆个香脆，加以腐乳，再炒它半生熟，然后再装入电鼎中。

这时加入大量生菜，汤汁逐渐变了。

好，这便是汤底了。把最柔软的羊肉眼切片，用来打边炉，生熟二肉，各有情趣。

起初，大家都只吃生肉，实在香甜，令人停不下手。后来才挑带皮的熟肉来吃，皮有咬头，肉已不硬，有点膻味，才是上品。有些人说羊肉美得一点味道也没有，才好吃。这些人去咬树根，也觉得好吃。

羊肉虽佳，但是最后胜出来的是腐竹，它吸尽羊汁精华，吃进口，仙人也羡慕。

打边炉，是广东人的叫法，又称火锅。北方人用涮羊肉三个字。涮，应念为“算”，粤语亦念算，但是到现在有一大堆香港人读为“擦”，擦来擦去，擦出个鸟。

边炉不知来自何典，大概是路边供应的食物之故，但为什么加个打字？研究不出。还是潮州人叫的“暖炉”较切题，但用得最悠闲用得最美的名词，应是“围炉”吧。一看字眼就出现画面，而且还有大团圆之意，实在太妙了。

肉骨茶对话

“明明是排骨汤嘛。”友人问，“怎么叫做肉骨茶呢？我还以为是用茶去煲的。”

“第一次吃肉骨茶的人，都有这种反应。”我说，“肉骨汤是肉骨汤，茶是茶，分开来吃喝的。怡保还有一种名菜，叫做芽菜鸡的，同一个道理。”

“芽菜鸡的鸡。”友人好奇，“是用豆芽把鸡喂大的？”

“不。是一碟像海南鸡饭一样的白切鸡，再加上一碟炒豆芽，鸡是鸡，芽菜是芽菜。两者搭不上什么关系。哈哈哈哈。”

“是怎么做的？”友人尝了一口肉骨茶，觉得汤的味道不错，继续发问。

“将当归、枸杞、红枣和甘草等中药拿去煲排骨。考究的人还加冬虫夏草、人参等，材料贵贱自己决定。不可少的是把整粒的大蒜不剥瓣地同时放进去煮，最后加酱油。药材分量要少，不然便抢去肉味。”

“有没有配好的？”

“南洋的药材店里会替你抓，香港的就不懂了。买现包好的试试，根据自己的口味变化好了。”

“现成的哪一家最好？”

“买包‘余仁生’的，他们是老字号，味道不能算是最好，但是货真料实，不会卖假药。”

“我还看过一小包一小包，用个渔网袋装着的。”

“那是已经把草药磨成粉末的，味道当然较差。”

“我听朋友说，有些店的汤清清的，有些地方黑漆漆，像墨汁，那是为什么？”

“肉骨茶分潮州人煮的和福建人煮的。”我说，“潮州人用生抽，福建人用老抽，所以颜色不同。”

“哪一样比较正宗？”友人问，“肉骨茶到底是谁发明的呢？”

“应该是福建的正宗。是个叫短仔伦的泉州人发明的菜谱。他把秘方传给一个叫庄金盾的惠安人，庄金盾返到南洋，在马来西亚的巴生第一个卖肉骨茶。巴生人从此爱上这道菜，一个小地方开了百多家肉骨茶档。在巴生吃肉骨茶，是首选。”

“巴生？”友人说，“我还以为新加坡仰光路的黄亚细或者吉隆坡 Imbi Road 那几档做得最出名。”

“试过了就知道不同。”

“你说巴生有百多家，又是哪一家最好呢？”

“大家都说天桥底下那几家，连马来西亚人都搞不清楚。其实最好的应该是从天桥走几步，一条叫为后街，门牌二十七号的‘德地’做得最好。老板姓李，叫伟注，是个顽固的老头，我们这次拍特辑要介绍这家老铺，但是给李伟注赶出来。”

“我一定要去试试。”友人问，“电话几号？”

“连电话也不装。”

“怎么好吃法，说来听听。”

“德地的排骨是用一个双手抱着那么大的铁锅煲的，里面装的完全是肉，汤汁熬起时已经很少。老板斩骨头时刀法很准，不然把骨头砍碎了，吃起来便会割舌。他一天煲三大锅，卖完就不做生意。”

“可以订座的吗？”

“不行。店里整天有人排队，客人等得不厌烦就先喝杯咖啡。德地旁边有七八间印度人开的茶档，都是这家人的寄生虫。”

“他们的茶是不是也那么好喝？”

“店里供应的我试过，觉得普通得紧。我到德地去之前，先在九龙城的农香茶庄买几两冠军铁观音，请三哥用纸一小包一小包地包好，带到店里去泡。”

“是茶重要还是肉骨汤重要？”友人问。

“气氛最重要。”我说，“肉骨茶是开在没有冷气的咖啡店里，或者露天的茶座。桌子旁边生了一个炭炉，上面有水锅，水滚了用喝工夫茶的紫砂壶沏茶，吃过肉骨，再一小杯一小杯欣赏茶香，真是天下美味。”

“为什么有人用瓦罉来装？”

“那是为了要卖贵一点、多做一点生意的家伙想出来的鬼主意。传统的肉骨茶是用八角碗装着上桌的，碗底很浅，排骨最多放得下三四条。”

“那么汤不是一下子就喝完吗？”

“是呀。德地之外的肉骨茶档，汤喝完了，可以叫伙计添，真是岂有此理。那么多的肉，就煲那么多的汤，哪来多余的加？不是味精水是什么？在德地，你要多喝汤，就要再叫一碗排骨。”

“我要买包肉骨茶材料回家煲煲看。”友人说。

“你煲出来的，一定没那么好喝。”我说。

“为什么？”她问，“你看轻女人？”

我笑了：“女人出手很少有男人那么阔。要是你煲肉骨茶，只在肉档买个几两，又要节省煤气，煲出来的汤绝对淡出鸟来。我们煲汤，一大堆肉，一大堆骨，煲个七八个小时，不好喝是假。”

黄亚细

“黄亚细肉骨茶”开在新加坡的仰光路。

在一座大厦的角落位，有几棵大树，客人可以坐在咖啡店中，或树荫下，我们当然选择后者。

桌旁摆着一个铁架，下面有炭炉，煲着滚水，水壶的柄亦为铁制，但不传热。水一沸，便以此沏茶。

茶叶是纸包着的，比旧火柴盒厚一点罢了，包着半两左右的茶叶，通常受欢迎的是铁观音。

装入紫砂壶，一包的分量恰好。先打开纸张，把茶叶用手抓一抓，碎的留下，粗的拨开一边。先装前者，把粗叶当成过滤最后才放，这么一来，沏出的茶便不会有细叶。

第一铺是不要的，倒出来洗小杯。最小的茶壶可沏四杯。依人数而定，用大的有七八杯。

大清早，一面饮茶冲胃，一面等待，食物上桌，大概分以下数种：净排骨、猪尾、猪腰、猪脷、粉肠、唐蒿菜和剪成片的油炸桧。

白饭另上，配有一小碟酱油。红辣椒丝供客人自由添加，嗜辣者贪心地拿，小碟中只看到辣椒，酱油不见。

装食物用的是八角碗，碗底很浅，汤汁并不多，喝了一口，又香又甜。

和在马来西亚巴生喝的肉骨汤比较，又有另一番风味。两者绝不相同。

“我们是潮州做法，汤很清。”老太太说，“马来亚是福建派，汤浓。”

“黄亚细是什么人？”我问。

“我丈夫。”老太太回答后，又忙着招呼其他客人。

这时已经整间店坐满，黄亚细肉骨茶从早上七点钟开始，就一直有人等位。

另有一位肥胖的老兄走过来和我聊天。年纪只有四十几，不像是太太的先生，问他是谁？

“我是黄先生的结拜兄弟。”

“黄亚细本人呢？”我问。

“哦，他在厨房里，不出来。”结拜兄弟回答。

“生意那么好，要不要来香港开一家？”

“好呀。”结拜兄弟说，“你请我去，我到香港几个月，把做法都教给你。”

“真的？”

结拜兄弟笑了：“不过，你开不成的。”

“为什么？”我说，“香港也有很多人喜欢吃肉骨茶的呀。”

“吃肉骨茶，要慢慢欣赏。”他说，“你们香港人生活那么紧张，那么忙，谁有工夫花时间沏茶？店租贵，客人赖着不走，也不是办法。”

说的真是有点道理。

“而且，我们看到客人喝完了汤，会添多一碗。”他说，“但是新加坡人很守本分，最多只敢要一两碗；你们的人贪心，不停地要汤，哪里来那么多？结果只有调味精水，就越喝越没有味道的了。”

给他讲得有点惭愧，不作声，埋头吃东西。香港最近发生毒猪内脏案子，已许久未尝此味，拼命吃猪肝、猪腘和粉肠。

熬猪尾的汤颜色较黑，因猪尾皮厚，要重手才入味。啃着骨头，实在好吃。汤虽浓，味道就没有那碗排骨清汤那么甜。

黄太太得闲，奉上一碗排骨清汤，里面有几瓣熬得熟透的大蒜，咬进口一吸，再吐出蒜皮。喜欢吃大蒜的人一定会迷上它。

“开到晚上几点？”我问。

“下午两点就收档。”她说，“钱多，也赚不完的呀，我已经六十多岁了。”

“星期天休不休息？”

“礼拜一不做生意。一年之中也有三个星期不做生意。我们一家人到世界各地旅行，不亲自监督，水准就差。干脆连伙计也让他们放假。”

“真会享受。”与我同行的友人感叹。

我们认为这是一种奢侈，但是欧洲人最能知道这个道理，到夏天大家到海边去。不过话说回来，要是平常生意不是那么好的，也没有资格放假。

“听说你有意在香港开一家？”黄太太问。

我点头。

“你们都以为我的肉骨茶有什么秘方，不肯教人。”黄太太坦白地说，“哪来的秘方呢？不过是老老实实地把排骨熬了又熬，下大量的胡椒和大蒜，五香八角等不要太多，一点点就够，当归也只能下几片，不然就像喝药水，怎能谈得上是享受？”

“就那么简单？”

“就那么简单。”她确定。

“没有旁的窍门？”

“有。”她说。

“是什么？”

“不好喝做到好为止。”黄太太微笑，“加上三四十年的经验。”

厨艺书信

感谢好友杜杜，介绍了一家很特别的书店给我。

“厨艺书信 Kitchen Arts and Letters”开在纽约的 1435，Lexington Ave，N.Y.10128。老板是 Nahum Waxman，他喜欢人家用昵称 Nach 叫他。Nach 念起来像敲门的 Knock，对烹调艺术有兴趣的人，请前去敲敲他的门吧，不到此一游，是人生的损失。

店铺除了摆满了书，并不特别，抢眼的是墙上挂着许多蔬菜和水果的彩色海报。辣椒专家 Mark Miller 设计的全球辣椒大的那张，看了即刻想买。

这里一共贮藏了一万本关于食物的书籍，如果再找不到你要的，敲门会替你找到绝版书的影印本给你。

从进门到出去，敲门一共听了十几个电话。

“我们要煮一顿给四千个人吃的意大利餐，有没有在短时间完成的菜谱？”对方说。

敲门耐心地一一说明之后把电话挂掉。

“你自己写不写书的？”我问。

肥肥胖胖白发白胡、戴着个大眼镜的敲门笑着回答：“我不相信菜谱这一回事的。我鼓励人家去认识食物的色香味，去认识什么配搭什么会变得更完美。真正的好菜不在食谱的多少匙油多少匙盐里，是对原料的认识。”

当头一棒，听他这么说已经知道他不只是会煮菜的人，简直是一个哲学家嘛。

“你怎么会想到开这么一家书店？”我问，“你从前是做什么的？”

“我学的是考古。”他说，“考古这一行赚不到饭吃，便参加了一间出版社，也想过做一个出版人，后来我想到人生的兴趣不可能那么广泛，一家出版社需要出种种不同种类的书，我不都是专家，但我爱吃东西是真的，不如就开一间我喜欢的书店来玩玩。”

“我同意，那种满足感是难于形容的。”我说。

“可不是吗？”敲门笑着，“租金越来越贵，我本来想把店铺搬到二楼，不必开街店。我要卖的书是给有兴趣研究食物的人看的，食物书可以像音乐书或绘画书。音乐和绘画越研究越有深度，红酒在这一方面的资料也比较多，不过研究红酒的人喜欢把知识用在吓唬别人上，我希望爱食物的人不会那么浅薄。”

这时候有个客人跑进来问有没有一本做意大利薄饼的书，太普通了，敲门叫他的助手去应付，忙着和我聊天。

“我认为做出版业的人应该多卖一点专业的书，追求前所没有的知识，美国的大书店都只卖畅销的，一本书放在架子上一两个月无人问津就拿下来放仓库，还说是要把阅读习惯发扬光大！他们不过只是互相抢客人罢了。我这里的书放个一两年还没人去碰，也照样摆着，这才是过瘾的事呀。”

电话又来询问这怎么煮那怎么煮，敲门很有耐性地回答。

“你收不收顾问费的？”

敲门正经地：“如果在学校里，你一问老师他就要收钱，你怎么敢问？”

“你这间店到底够不够开销？”

“别小看厨艺这一行，”他说，“我的客人包括了餐厅的大师傅、食评家和各地的图书馆。想制造新产品的大食物公司也会来找我。我把书用邮寄地卖到世界每一个角落里去，生意够做的。”

“有没有想到上网呢？”

“唉，我对电脑交易还是有抗拒的，”他摇头，“不过情势所趋，明年开始也得上网了，其实卖书的兴趣在交新朋友，用电话和他们聊天可以接受，上网做生意在人与人之间的沟通像是隔了一层什么东西似的，我不是太过喜欢。”

又有一个客人捧了一大堆书来柜台算账，付完钱走出去。

“他也是熟客？”我问。

敲门点点头。

“开餐厅的？”

“不。”敲门说，“他是一个工程师。这些搞理科的人很难和外面人有什么接触，爱上吃东西最基本了，一研究就像上瘾一样，什么书都买。”

“世界上像你开的这种书店不多吧？”

“巴黎有一家，伦敦有一家。”他搜索了一轮脑筋后说，“美国我就知道只有我这一家。”

又有一个很年轻的客人跑进来找书。

敲门说：“很值得欣慰的是对厨艺有兴趣的人没间断过。他一个礼拜来我这里两次，是个烹调学校的学生。学校教出来的人也不单是烧烧菜罢了，他们可以发展到去制造碗碗碟碟，如果发明了一把效率更高的削薯仔的刀，也能创出一番新事业。”

又有电话来询问加里曼丹的菜谱，敲门一一回答。他虽然不是学校的老师，但是爱教别人，好奇心又重，把自己研究的成果与人分享，受顾客们的尊敬。

敲门谦虚地说：“专家并不一定要受别人尊敬，专家只要有用就是。”

笊面

在很多很多年前，我从南洋出发，飞到香港，再转法国邮轮柬埔寨号抵达日本，先在神户停了一个晚上，于横滨下船，再往东京。

当地的监护人安排我住进新宿区的一家堡垒式的旅馆，叫“本阵”。现在想起，应该是个爱情酒店，但也让一般单身人士过夜。

那天晚上，是二十多年来最寒冷的一个冬天，大雪纷飞，生平第一次见到，大脑忽然产生大量的吗啡，令全身温暖。打开窗户，自觉浪荡江湖的生涯从今开始，任何苦，也要吃下去。

第二天到学校报名后便去找房子住，结果决定了一间两层楼的木造公寓，四叠半厅加六叠卧房，一共十张半榻榻米那么大，以英尺计，是二百九十七平方英尺。

首先要置的是床。来了日本当然依他们的习惯生活，就到床垫店买卧铺。日人称之为“蒲团”。店主见我六英尺之躯，摇头说：“一定要定制，现成的蒲团你的脚会伸到被盖外面，着凉了可不是开玩笑的，你两天之后来拿好了。”

酒店房已退，今晚怎么过？这是我第一个想到的。但是来挨苦的嘛，又怕什么？

再去杂货店买条洗脸的毛巾、煲水的铝锅和煮食用的小煤气炉等等，手上已是大包小包的。

糟糕，忘记了怎么走回家。东京的住宅区是分什么町什么丁目的，根本没有正规的直路，到任何地方都要穿过弯弯曲曲的小巷，来之前已被友人警告过，现在怎么办？

记得他们说，如果迷路，有两种人可以问，一是警察，一是米店。当年没有超级市场，基本粮食的大米由米店供应，一买就是几公斤。客人抬不了，由店员送上门，所以他们最熟悉地理环境。

找不到米店，遇上警察，把地址给他看，此君解释一轮之后，问道：“是谁住在那里？”

“是我住在那里。”我还好先学了些日本话。

警察也笑了。

回家打扫了一轮，已入夜。肚子饿了，到车站附近的食堂去。先在橱窗中看塑胶的样板，最便宜的是日本面，叫 Zaru Soba，汉字写为“笊面”，但已无人会用。

样子是一个竹编的平篓子，盛着草绿色的面条，上面铺了些紫菜，另外有个茶杯，杯中有褐色的液体，像酱油水，尝起来也像酱油水，就此而已。

面条吃进口，冷冰冰的一点味道也没有，那几条幼丝般的紫菜也帮不了什么滋味，大概要淋上酱油水才好吃。

这一淋可坏了，酱油水从竹篓流了出来，弄得满桌，大为尴尬。

听到身后有人嗤嗤地笑，转头看见一个女侍应，十六七岁，双颊被天气冻得通红，也是乡下来的吧，同是天涯沦落人，她同情地示范："先把面条夹起，蘸了汤汁再吃的。"

说完她给我的杯里再加酱油水："吃时要一口吸进嘴里，嗖的一声，日本人吃面时要发出声音才好吃。"

声音是响了，但一点也不好吃。

胡乱地把那小团面吞进肚。付钱，走进大雪纷纷的街道，路灯不亮，更觉凄凉。

爬上二楼，打开门，又见那空荡荡的房子，叹了一口气。

已经疲倦，但也得写家书报讯，坐在榻榻米上，把行李当成桌子，就那么写将起来。当然是什么阳光普照，日本人如何热情，一切顺利，请别担心，云云。

再想到捎信给女朋友，这次态度一百八十度转变，将自己形容得有多悲惨是多悲惨。写后重读，他妈的，怎么那么没志气？诉什么苦？

人已在异地，应该交新的女朋友了，旧的那个越早忘记越好，把信纸撕个烂碎。

用冰水刷牙，可不好受。好在房东还给我唯一的一个家具，那就是洗脸盆前的一条铁线钉成的架子，将面巾整齐地铺在上面。

没有床，把大衣脱下来后当被盖，缩成一团，昏迷了五分钟左右，又被冷风叫醒，墙壁是木造的，有些细缝。

这时要是洗个热水澡也许能御寒，但是家无浴室，公众澡堂子应已打烊，哪有什么浴缸可浸。

那一小团面根本起不了充饥作用，肚子咕咕作响。

起来烧滚水，喝杯热的就能睡吧，想起这个杯子，才知道忘记了买。

水已滚，但也不能提起水锅灌入喉，会烫伤嘴的呀！等温一点再喝吧。这时再发现腹饥时喝的温水，是世界上最难喝的水。

又迷迷糊地睡了几个小时，天已发亮。

正要洗脸，看见挂在架上的面巾已冻得僵硬，拿来当把葵扇，扇了几下，冷中加冷，哇了一声叫出，看到一口浓浓的白烟由口中喷出，着实好玩。

多年后，我习惯吃任何日本食物，甚至最难入口的纳豆，也觉得津津有味，但只是笊面 Zaru Soba，至今还是咽不下喉，一看到就转头跑。

小小烧鸟店

在东京谈完公事后有三个小时空暇，约了老友川边元见面，此君专为各大公司印刷宣传品，近年景气不佳，从赤坂搬到涉谷去，规模缩小。

川边元说涉谷有一家很特别的“烧鸟”，要我一定要去试试那里的烧烤鸡肉，但是不可以迟到。在香港还没鸡可吃，欣然前往。

店开在一条狭巷中，名叫“鸟繁”，但看不到招牌，我们六时整入席。

钻进去一看，不得了，只有四叠大，一叠榻榻米是三英尺乘六英尺的十八平方英尺，再乘四，只有七十二方英尺，身体碰身体地挤满十个客人，而且要把肩横侧，才坐得下。

店角有个柜台，后面站着位太太，就那么一个人经营起来。

日本的烧鸟，烤鸡皮最好吃，我不懂规矩，一坐下来就要一客，那位太太瞪了我一眼，川边元即刻说："她会按次序弄给我们吃的，不必点菜。"

乖乖地听话，最先烤出来的是鸡肾，一大串，分量有其他店铺的四倍之多，烤得外层略焦，但中间还是生的。照吃不误，果然香甜，熟脆恰好，是超水准的烹调。

看柜台后的太太，外表像四十出头，但依我的观察，已有六十岁。她打扮得端庄，饱受油烟，一身衣服还是那么洁白。听她的口音，是标准的东京话，一如人家形容北京人的"京片子"，她说的是"东京片子"。面貌长得不能称上漂亮，但是那种越看越有味道的那种女人，年轻时一定迷死不少男的。

"这家店从她父亲的时候开到现在，已经有四十多年了。"川边元细声地说。

那么小的店，正常谈话声大家都听得见，悄悄然才能密语。

"日本人也是传子不传女，她要不是功夫特别细，父亲也不会教她。"川边元解释。

再下来烧的是鸡肉丸，有小孩子拳头般大，一串三个，很容易饱腹。咬了一口，又是特别美味，一连吃了两粒。剩下一个给川边元吞了下去。他比我年轻，食量尚大。

我一直等烧鸡皮，但是不敢出声，怕激怒了这位老板娘。

"别再喝，醉了不知道味道。"旁边坐的两个男人想多要一壶清酒，被她拒绝了。

电话又响，从我们坐下来后就不停地有客人来订位。老板娘翻翻记事簿："下个星期二怎样，六点？八点或十点？"

原来这间小店一晚只做三轮生意，一共三十个客，多一个也不做。

我咋咋舌，问川边元："你临时拉我出来，怎么有位？"

他笑道："我本是约好另一个朋友来的，你老远来到，就把他踢走。"

老板娘从小冰箱中抽出一包东西，塑胶袋中一块块软绵绵黏在一起的，是生的鸡胸肉。就那么切起块型，装入碗中，放在我们面前。

日本人生吃鱼肉的习惯不出奇。生牛肉属于珍贵的食物，香港人也多数学会吃了。但是生鸡肉，大概不是人人敢吃的吧。

我从前吃过，觉得雪藏鸡，生吃熟吃味道都不怎么好，既然上桌，也就夹了一块。

"要加蒜头才好吃。"川边元说完叫老板娘来一点大蒜。

她从架上抓了几瓣肥大的，切成三块，剥了蒜皮，另外拿出一把铁钳，让我们自用。

川边元把蒜头放入漏斗形的钳子里，用力一夹，蒜头便由小孔中挤出来，蘸着酱油不加山葵，吃起生鸡肉来。

当然比不上牛肉，但也有甜味，较我吃过的味道好得多，不知不觉又夹了一块入喉。

老板娘再拿出一袋东西，这次可真是吓人，是鸡肝，也是吃生的。

"怕不怕？"她问我。

到了这个地步，怕也没用，反正十个人都吃，要死就一齐死吧。

我夹了一块入口，那种又黏又滑的感觉实在不好受，硬着头皮咬了几下，甜汁流出，恐怖感全消。

老板娘看到我满意的表情，点点头，表示称许，才烧起鸡皮来让我吃。

"我们也要鸡皮。"旁边的客人要求。

"那么多东西都吃不完。"老板娘很有权威地拒绝，"我最讨厌浪费东西。"

那家伙被呵住后缩缩脖子。

老板娘再拿出泡菜来切给我们吃："自己做的，试试看。"

是和店里卖的有很大的分别，腌渍得咸味恰到好处，又爽脆又甜。

接着，她把架上那个大水煲抬了下来，我还以为是沏茶用的滚水，倒进碗中，才知道原来是将鸡骨放进去熬的汤，从我们进店时煮的，刚好是两个小时。

喝了香浓的汤，八点整，是付钱的时候，我们两个人埋单是四千元，合二百四十块港币。在香港也许觉得还是贵的，东京的价格来算十分便宜，还连酒呢。

替这家人算一算，一个客人一百二十块港币，十人一千二，做三轮是三千六百。小店从数十年前租下，租金不会贵，原料也便宜，人工只有老板娘一个，收入不算丰富，但维持一家四口的生计，一天算净赚两千，一个月有六万港币，也已足够。

捧着肚子走出来，小巷中一群人，共十个，是下一轮客人，表情兴奋，像是前来赴山珍海味、毕生难忘的宴席。

俵屋

在京都的市中心，有条叫 Fuyacho 的长巷，Cho 是町字，什么什么街的意思。至于 Fuya，日本的假名发音，有许多汉字可写。初闻之，以为是“不夜”这二字，富有诗意和神秘感。到达此地，才知道用的是“麸屋”，卖烤麸之类的店铺。这条街从前一定有很多豆腐店。

麸屋町在三条通附近，卖和服、漂染、陶瓷、漆器、祭祖用品等等，铺子林立，各地商人麇集之地，在三百年前，开了一家叫“俵屋 Tawara-Ya”的旅馆，至今犹存，是老铺中的老铺了。

如果挑选全世界十大旅馆，“俵屋”应占一席。

从门口走过，是座两屋楼的老建筑，外表还是保持着新貌。要拍历史电影，拿它来当外景，绝对有真实感。

门口有一个木制的小灯笼架子，纸罩上写着“俵屋”两个字，从窄小的门进入，脱鞋子的地方摆着一块像大墨砚的木头让客人踏脚，改换拖鞋。

经长廊，抵客房。每一间分三个部分：厅、房和花园，气派在于这个庭院是属于私家的，客人住了进来，连花园也独自租下。

庭中树木茂盛，依季节变化，粉红樱花、枫树落叶，任何时间来住，窗外活着的画，都不一样。

在夏日的尾声中入住这家旅馆，虽然设有空调，但将冷气口隐藏起来。房间内外的装修，像是让客人以视觉来纳凉，布帘换成麻质，披上浴衣，躺在光滑的榻榻米上，听着庭院中的流水声，到了晚上可以请侍女点枝蜡烛，看萤火虫闪熄，发古人之幽思。

空房内不但遮住冷气口，还把一切现代化的用具都尽量从眼中消除；电话和传真机用染色布罩着，打开小橱才能找到薄得像一面镜架的液晶电视机，冰箱更以小木柜藏起。

上了年纪的侍女奉茶，顺便奉上糕点。茶喝入口，知道是最高级的“玉露”，比从“一保堂”买的品质更佳，此茶要用暖水沏之，浓得像汤，能醉人。

这次抵步时已是晚上九点多，超过在房间吃晚饭的时间，在“俵屋”侍者亲自带领下，数步到他们在附近开的餐厅“点色”。三层楼的小建筑，下两层是艺术品的陈设，只有三楼才是吃东西的地方，能容十个客人罢了，是个专为旅馆客人服务的地方。

食物很精致，事前“服部料理学校”校长本人特别关照他的爱徒为我做菜，吃了二十几道，当然包括鱼生、炸虾等，还有炖山瑞汤，无一不精美。

捧着腹回房，布团式的床已铺在榻榻米上，垫子很厚，就是洋人也会适应，床头准备了一壶水、一个外形很雅致的闹钟和一枚手电筒。

先洗个澡，浴室分三部分，梳洗处、如厕间，再打开门才是浴室。这里并无温泉，亦无露天风景，要求这种享受要到温泉区去，深山野岭地，不像“俵屋”这样闹中带静，气氛是不同的。

浴槽土制，铺着三片木板盖，热水已注满，焖出松树的香味，冲净肥皂后浸入，流水四溢，暖热恰好，不像温泉那么烫人，舒服到极点。

共有两套衣服更换，上街用的和当睡衣用的夕方腰带各异，后者较细，方便躺下来时转身。

侍者已经把纸扉门拉上，看不见庭园的景色，太可惜了，走过去将之打开，另有一层玻璃门挡住昆虫的飞入，月光下，如有美女在旁，更能由玻璃的反映中，依稀地看到两个人的重叠。

一觉至天明，被女侍者敲门声吵醒，盥洗之际，她已将床垫收拾好，摆着早餐，献上浓茶。东京人只爱吃饭，稀饭在京都才流行，称之为“朝粥”，将肥肥胖胖的白米煲成黏黏的一小锅，配上七八道小菜，并无纳豆、紫菜、生蛋等现陈的食物，花很多心机地烧了鱼、煮了肉，另加一颗酸梅，进食之前醒醒胃，喝口茶，食欲大作。

饭后在旅馆中溜达，大堂、电梯、健身室、游泳池和电子游戏机欠奉，“俵屋”不需要这些，代之的是一个小图书馆，诗篇小说画册，要找的日本文化资料应有尽有。

阅读时，侍者又奉上一杯冰茶，他们见到要时才出现，绝对不会在客人身边干扰。对每一个住客的名字和背景记得清楚，侍者说若要写作的话，今天不如换一个房间，环境更为适合。

果然，这一间的室内装修较为现代化，崭新的桌椅、柱子和纸窗木格，很柔和地显出浅黄色。坐下来，有个凹处伸脚，腿不会因坐久而疲倦，在这里住个两三星期，完成一本小说，是妙事。

低微的版税，或许不够付房租，这里每天收五万日币，三千多港币，吃的另计。以房间花园的宽度和完美的服务计算，绝对是超值的。

看名册，入住“俵屋”的有作曲家伯恩斯坦、导演希台阁、演员马龙·白兰度，皇亲国戚各国政要等等，名人数之不尽。

人生苦短，何必计较。花钱是一门高深的艺术，可以来到“俵屋”学习，发现挂在墙上的香囊，叫做“药玉”，用来辟邪，用五月采药时的雨水浸着菖蒲花制成。是种迷信，又是场游戏，更为崇高的品位，何乐而不为。

半亩园

想了好久，决定开一间茶餐厅。

“什么？”朋友尖叫，“每一条街都开了三四家，你还跟着人家屁股走？”

我半笑不语，自认有妙计。

研究至今，已有数年。跟老师傅学习，也吸收不少这一行业的人的经验，更是跑到出色的店里观摩，偷几招。反正天下事都是一大抄，不止文章，茶餐厅也可照用，成功的例子不怕重复。

咖啡将取东南亚品种，南美和欧洲的咖啡不是东方人的专长。来自印度尼西亚、越南和马来西亚的咖啡豆，磨出的粉末更为香浓，试过的怡保白咖啡最适合我们的胃口，将会向各位推荐这种饮料。

茶叶则以立顿红茶为主，立顿的味道始终是最基本的，英国贵族喝的高级红茶都不如它，但是我会掺一些泰国茶粉和大吉岭的茶末，令我家立顿与众不同。

牛奶用三种，最浓郁的北海道鲜奶、三花淡奶和鹰牌炼奶。品茗宜用第一种，咖啡第二，鸳鸯就非炼奶不可，但这也要靠客人试过之反应如何而更改，操练一番之后，就能定型。

店内将置数个大制冰器，将上桌同样浓度的咖啡或茶结冰，放入杯内，这么一来，客人叫冻咖啡、冰红茶时，味道就不会冲淡。

拣选最精美的方糖、仿糖、白糖、赤糖、粗糖、幼糖，甚至于最原始形状的砂糖，任君选择。

食物方面，先采集香港各家名店的蛋挞、菠萝包等等传统糕点，最后目的当然是想自己做，但是客人如果喜欢别家的，还是照旧进货。

另有一种主食，茶餐厅的招牌菜，我还没想到要做些什么，蒸各类的鲜鱼或者弄档潮州粿汁，兼卖卤肉。也许是南洋著名的肉骨茶。

说到南洋，用的杯子是嗱呸店很厚的瓷杯碟，印上老土的花纹那种，不容易打破。也可以采取南洋人吃鸡蛋的方法，在滚水中泡个半生熟，淋上乌浓的酱油吃，撒了胡椒，再弄杯咖啡或茶，是个健康的早餐。

面包用铁笼夹住来烤，上桌时切成六小片，方便女士们进食。中间有牛油，或涂上炼奶、阿华田、美禄、好立克等。

店里再设一软雪糕机，制鲜奶雪糕、绿茶雪糕、红茶雪糕及咖啡雪糕。

伙计服装白衣黑裤，要求整齐干净，服务态度不卑不亢，亲切为主。

希望能做到二十四小时营业，目前我自己也苦于早餐和宵夜无甚变化，相信许多人都有同感，而且租金也分薄，才能卖得又便宜又好。

室内装修愈简单愈好，客人的心理是看了富丽堂皇的地方，以为这笔钱一定加在他们头上。一切以干净为主，一干净自然有高尚的感觉。

有一点是要坚持的，那就是不设禁烟区，虽然是反潮流，但是总得搏它一搏。

“你这么事先张扬，不怕主意都给人家偷去吗？”朋友又尖叫。

我的主意想不完，多数是偷别人的，给人家拿去用，公平得很。黎智英向我说过：“主意不值钱，要怎么去执行才是学问。”

当头一棒。我牢牢记住。

失败的例子渐多，也由中间取得教训，所以我都不当是惨痛的。也许这个茶餐厅的主意，有经验的人看来行不通，但目前只有先走一步，见一步了，不然只管说而不去做，就像美女一个个在你眼前走过，要踢自己屁股也太迟了。

最后要决定的是取什么名字。

“干脆叫蔡记茶餐厅好了。”朋友说。但是蔡记来蔡记去，没什么新意。

正在抱头苦思，成龙半夜来了一个电话：“我有事，一定要到你家找你。”

以为有什么问题，这位大哥抱了两个紫檀镜架爬上楼，打开，上面以清秀的字体写着：

> 半生戎马半世悠闲，半百岁月若烟。半亩耕耘田园。半间小店路边。半面半饼俱鲜。浅斟正好半酣，半客半友谈笑竟忘言。半醉半饱，离座展笑颜。花开半时偏妍。半帆张扇免翻颠。跑马半缰稳便。半工半歇半为钱。半人半佛半神仙。半之乐趣无边。

“我一看到，完全是你的写照，送你最适合了。”成龙说，“你再看下去。”

接着写的是：

> 书呈半个师父蔡澜先生教正。半个徒弟成龙于戊寅半夏半夜。

好个半个师父，怎当得起？我向成龙学习的更多，应该他是师父。这份礼物真是有心。

成龙说：“你教了我很多怡情养性的东西，叫你半个师父，错不了。”

我们大笑三声，互相拥抱。

成龙走后，我知道自己将开的茶餐厅，店名已有着落。称之为“半亩园”。

神户牛肉

很少有餐厅能留给我那么深的印象，这次去神户的这一间，可以说是一生当中认为天下最好的十家之一。

在一座大厦三楼，连招牌也懒得挂，推开门，是间一千平方英尺左右的食肆。

主厨也是老板，经友人介绍，笑嘻嘻地叫我在柜台前坐下。先拿出一个巨盘，足足有十人餐桌的旋转板那么大，识货之人即刻看出是御前烧的古董陶器，价值不菲。

柜台后是一排排的雪柜，木制的门，较铁质的悦目。打开冰箱，里面尽是最高级的神户牛肉，整只牛的任何部分都齐全，因为主厨拥有大农场，牛是一只只宰杀的。

“所谓神户牛，都不是神户人饲养，这间农家两三只，那间四五头，然后拿到神户来卖。我的农场正开在神户，可以正正式式地叫做神户牛肉。”他解释。

吃牛肉之前，先来点小菜，他拿了一块金枪鱼，切下肚腩最肥的那一小片 Toro，浪费地这一刀那一刀，只取中间部分给我吃一口。目前的金枪鱼都是外国输入，像这种日本海抓到的近乎绝种，吃下去，味道是不同。

看主人的样子，瘦瘦小小的，比实际年龄轻，也应有四十多了，态度玩世不恭，但做起菜来很用心，有他严肃的一面。

接着他放在大盘上的食物是有一本硬皮书大小的乌鱼子，从来没有看过那么大的，以为是台湾产。

“我寻遍日本，才找到的。”他说完把葱蒜切片夹着给我吃，“不过这种台湾人的吃法比日本人高明。”

材料也不一定采自日本，他拿出伊朗鱼子酱，不吝啬地倒在大碟里。我正要吃，他叫我等一等，拿出一大条生牛舌切成薄片：“试试看用牛舌刺身来包鱼子酱。”

果然，错综复杂中透出香甜。想不到有此种配搭。

“我吃过的牛舌，还是澳洲的最便宜最好。”我说。

“一点也不错。”他高兴得跳起来，“我用的就是澳洲牛舌。神户牛肉不错，但是日本牛舌又差劲又贵，为了找最好的澳洲牛舌，我去住了三个多月，还差点娶了个农场女儿当二奶呢。澳洲东西，不比深圳贵。”

口吻像对什么地方的行情都很熟悉。澳洲东西虽然便宜，但花的时间呢？这一餐，吃下来到底要多少钱？我已经到达不暗地嘀咕的年龄，不客气地直接问他。

“以人头计，吃多少，都是两万日元，合一千三百港币。我也做过顾客，最不喜欢付贵账时吓得一跳。事实讲明，你情我愿，才舒服。”他大方地回答，“来店里的熟客都知道这个价钱。”

“还包酒水？”我问。

“包啤酒、日本酒。”他说，“红酒另计。总不能让我亏太多。哈哈。”

柜台架子上有很多本关于酒的百科全书，他说客人建议的冷门的酒，他即刻查出处，买来自己试试，过得了关就进货存仓。

“上次神户地震，没什么影响吧？”我问。

“地窖中的碗碟都裂了，还打破很多箱红酒，也损失了近亿元。”

心算一下，也有六百多万港币。

“不过，”他拍拍胸，“好在大厦没塌下来。”

原来整间建筑都是他的产业。

“地震之后，附近的餐厅之中，只有我第二天就继续营业。”

“这话怎么说？”我问。

“旁的地方都是用煤气，气管破坏了没那么快修好，我烤牛肉是用炭的。”他自幽一默地，“我也到日本各地的窑子去找最好的炭，还和炭工一起烧，研究为什么他们的火那么猛，一住又住了三个多月，眉毛都烧光了，所以娶不到炭场的女儿当二奶。哈哈。”

压轴的牛肉终于烤出来，也不问你要多少成熟，总之他自己认为完美就上桌。一口咬下，甜汁流出，肉质溶化，没有文字足够形容它的美味。

已经饱得不能动，他还建议我吃一小碗饭："我们用的米，是有机的。"

"到处都是有机植物，有什么稀奇？"我问。

"不下农药，微生物腐蚀米的表皮，味道还是没那么好，我研究出一个不生虫的办法，把稻米隔开来种得稀松，自己农场地方大，不必贪心地种得密密麻麻，风一吹，什么虫都吹走，这才是真正的有机植物。"他解释。

"你那么不惜工本去追求完美，迟早倾家荡产。"我笑着骂他。

"咦，你说错了，我有我的办法，我的老婆另外开了一家大众化的烧烤牛肉店，生意来不及做，我当然骗她说我的店没有亏本，她也不敢来查，天下太平。"他说，"走，我们吃完去神户最好的酒吧，叫蔷薇蔷薇，美女都集中在那里，我请你再喝杯。"

"日本人请客去酒吧，多数是因为自己有目的的借口，你是不是和这家酒吧的女人有一手？要是单单请客，我就不去了。当你的借口，我可以陪你。"我说。

这时候，他的太太走进店里，是一位看起来比他老很多的女士，身材肥胖。

我向他说："走，我们喝酒去。"

他笑着说："借用《北非谍影》的最后一句对白：'我相信这是一段美丽的友谊的开始。'"

第二个CIA

大家都知道美国有个 CIA 美国中央情报局，但很少有人晓得另一个 CIA 是 The Culinary Institute of America，美国烹调学院的简称。

主校在纽约 Hyde Park，这间第二个 CIA 建于离三藩市一个半小时的酒乡 Napa Valley。

学校在山岗上，用火山岩石堆积而成，建于一八八八年，本来是个酿酒厂，后来捐出来办校，美国政府也资助了不少钱，单单靠学费的收入，是不够用的。

学校由几个主要部分组成，一、一万五千平方英尺的大厨房，就是学校，楼顶有三层楼那么高，中间完全没有支柱，全部是开放式的；二、一个有一百二十五个座位的演讲厅；三、一家大餐厅，向外开放；四、有机蔬菜香料农场；五、一间大商店，里面卖所有关于烹调的用具和书籍；六、一座有二十八个房间的旅馆。

又是教室又是厨房的大堂分两个部分，学烧菜的和学做面包及甜品的，各占一半。可见这家学校是多么注重面包和甜品的教学。

烹调课程只在纽约的总校发给文凭，在这里办的只是进修，不发证书。甜品部一学就要三十个礼拜，毕业后学生可以正正式式成为一个制面包或者做朱古力的大师傅，由学校发文凭证明，拿了它，可走天涯。

进修课程学些什么？是哪种人来当学生？

首先，有一课是给想开餐厅的人学的，学校提供各类西洋食肆的经营方式：本钱、租金、装修、如何拿牌照、怎么请大师傅和找楼面。意大利薄饼有什么好处？利润如何？有多少风险？浪漫的法国餐厅呢？还是简简单单整个热狗档？学校派出专家为你提供所有资料。

我们去参观时就遇到十几名这一课的学生，有些年轻，有的上了年纪，都细心地听教授讲解，因为这是即时派上用场的，每一个发问都得到实实在在的答案，对开餐厅是很宝贵的一课。

开放式的大厨房中，明火煤气炉一排排有数百个，大的小的，加上微波炉和磁气发热炉、大型的压力锅可供应数百吃者，总之所有的工具都齐全，而且是世界第一流的厨具公司的产品，次货一概不用，学校的宗旨是让学生用最新鲜的材料，配上最先进或最基础的工具去烹调，才能学到东西。

学生们分组，围着数十个火炉去上课，闷了起来，看旁边的另一课程的进行，大家自由自在，毫无束缚地学习。

课程还包括了刀刃的运用、厨具的分类、厨房科技。另有营养专科。汤、汤底制作、酱料制作、亚洲烹调、烟熏法。辣味分类、法国和乡土菜、地中海菜、南非洲菜、减肥餐、斋菜，等等。

研究美国西餐大师傅的菜谱也是一门课程。酒是重要的一课，最后还教你怎么写烹调书和怎么做一个食评家。

我发觉来这里的学生，多数是热衷于做面包和甜品的。

学校有全世界最大的烤面包炉，面包种类无奇不有，单单这一科，已是学无止境。

厨具都是由一家日本的大面包厂捐献，怪不得日本人做的面包那么好吃，他们出一点钱就可以偷到那么多的美国技术。

许多人围在一张不锈钢桌上学习用糖果雕花，一朵朵的白玫瑰都是用糖浆制成，原来是学习婚礼蛋糕。

一个老教授细心地指导另一群人做姜饼，把姜饼的来源，德国、法国、英国制姜饼有何不同，一一讲解。姜饼做成小屋、鹿儿、圣诞老人，你能想到的塑像，都可以用姜饼制出。

甜品部门还很科学地计算食物的卡路里、发酵学、食物卫生等等，学生毕业之后想开面包或甜品店，学校也会指导你怎么去向银行或一些基金会借钱。

至于怎么收费？

烹调部每一节是三十小时，一人课程收七百块美金。烧烤和甜品的文凭课是三十个礼拜，一共要收一万五千美金，当然有其他材料费，但当你有足够的金钱来这里学习，这已不是重要的项目。

学习过程之中，到学校开的专卖店去购入一切需要的工具。我看到一个硬型塑胶黑盒，一打开全是亮晶晶的大小厨刀，真是爱不释手。

吃饭可在学校搞定，或者到西餐厅去。这家餐厅有七八千英尺，厨房是开放式的，学生们随时看师傅表演，也许有一天，他们自己也已当职了呢?

学校的旅馆是四百五十块美金住一星期，也不算贵，长期住客还有折扣。

最过瘾的是喝学校四周葡萄园的佳酿，我问学生：“上课时可不可以喝酒？”

“不可以。”他说，“喝了，老师没看见。”

有兴趣的话，以下是资料：

Miss Cate Conn-ef Dobrich，

Public Relations Manager

2555，Main St.，

ST Helena，CA 94574

Tel：707-967-2303

Fax：707-967-1113

东莞之旅

如果大陆有引我一去再去的地方，那应该是顺德吧。

所谓食在广东，而广东最好吃的都在顺德。

和顺德人在一起，总是谈食。不管由什么话题开始，到头来还是以我妈妈做的鱼皮饺最好吃做终结。

大师傅的手艺是一流的，简简单单的一个小炒，吃光了碟子干干净净，不剩一滴油，汁水等东西都吸在菜肉之中，这才有资格叫为小炒，没有这种基本功，就做不了厨子。

材料有独特的仙骨鱼，因为它的头最好吃，就专门去培植，令它头大身小。还有水蛇来煲粥，鲜甜得不得了。

试过之后组织了一个旅行团，带各位好友去吃。还有一只百多斤重的猪，涂上五香粉蒸之。那么大的猪，烧烤的不稀奇，但蒸的，得要用多大的一个炉才能蒸出来。

正在感叹时，有位东莞友人说："我们那边的菜也不错。"

“没顺德那么精彩吧？”我疑问。

对方笑而不语，我给那笑容吸引住。想起我第一次听到东莞这个名称，是几十年前在吉隆坡，有条叫武吉明丹的街上开了家“东莞的面”，十分美味，当时还不知道那“莞”字是怎么发声，回家看字典，原来“莞”字读成“馆”。

好，决定前往东莞，星港旅游的老板徐胜鹤兄陪同。

乘他公司的旅游巴士，可直通深圳，过关时比坐火车方便，没那么多人，一下子就进入特区。

先到书城去逛了一下，大陆出版的新书多得惊人，我要买一套十五本自己写的翻版书，已卖光。虽然一毫子也没进袋，但也沾沾自喜。

巴士司机载我们到名人俱乐部去吃午餐，为全羊宴，整只羊烤好放在眼前，用手撕自己喜欢的部位来吃，加上羊头肉冷盘、羊杂火锅等等，吃到捧着肚子走不动。

饭后经一荔枝园，一片桂味和糯米糍，树都很矮，伸手可折。

上了高速公路，一个多小时便能抵达东莞，沿途经过许多小镇都在建设工厂，多数是外国的投资。

“东莞更多。”巴士司机说，“他们那边领导很开明，定下的政策都很公平合理，香港人特别喜欢到那里开厂。还有一个原因，是夜生活很开放。”

抵东莞市时已经傍晚，下榻于银城酒店，五星级环境和服务，不逊九龙尖东的旅馆。

当地旅游局办事效率很高，即派人相迎，又带我们到华侨中心去吃晚饭。

当晚的菜有常平阴菜炖牛肚、大岭山风味鹅、香煎沙田白鸽蛋、高埗洗沙鱼丸、盐焗虎门乌头、厚街腊味三并、豉油皇焗爽肚、清溪客家豆腐丸、禾花鲤鱼炊糯米、石排煮大鱼、东莞炒米粉、原汤鲜虾米面条、道滘裹蒸粽和家乡糖不甩，仅是那道炒米粉，已胜香港早餐的百倍。

哇，其他的菜没有一种是从前吃过的。

“听说你们的咸面也做得好。”我多口说了一句。

餐厅经理即刻吩咐厨房再上一碟，已经太饱，但无法拒绝，试了一口，真是美味。

白鸽鱼有胖人手指那么大，煎起来有点像日本的柳叶鱼，但比它细腻香甜。

“还有一种叫花鱼的，味道更好，可惜已经不多见了。”主人感叹，“还有蟛蜞的春，用盐腌渍，没有多少人会做这道菜！”

我撒手摇头：“吃不到的东西，千万别用语言来引诱我。”

半夜，肚子还未饿，已给友人拉去吃大陆人叫的夜宵，有蟹皇粥、蟛蜞粥等等，叫了一桌子的菜，已记不清是什么名堂。餐厅喝的嘉士伯啤酒，现在已不在香港制造，把厂搬到东莞，点七五公升大瓶装。只卖五块钱人民币，回酒店倒头即睡。

第二天一早到东莞山庄饮茶，不见吃惯的虾饺烧卖叉烧包，看到的是东莞茅根粥、排骨肠粉煲、咸汤圆、猪红粥等等。东莞人还喜欢吃又咸又甜的点心，有钵仔糕、红团、富贵果、赖角等，也都是未尝过的。

吃完早餐去逛菜市场，原来还有那么多罕见的鱼类，买了一斤冬瓜干回家去炖三层肉，还有麻虾晒制的虾米，拿来煲咸饭，最为甜美。

再去看东莞的荔枝园，深圳的和它比较，真是小巫见大巫，东莞的荔枝种满一座座的山，一望无际，令人叹为观止。当地人还说可以很便宜地自己买一座山来种，两三年就结果，带友人来吃私家荔枝。

归途经虎门，这是林则徐烧鸦片之地，但是当地的佳肴和林则徐同样驰名，又是没有一种是从前吃过的。

真是山外有山，我这个自认为老饕的人，经验实在太浅，正感到沮丧时，旅游局的人偷偷告诉我："都是为你特别安排的，把一些失传的菜重现。"

"听说你们的娱乐事业做得更好。"我才想起东莞在这方面的放肆，好在已经吃得没时间去玩，不然再经特别安排，骨头都不剩，才能返港。

昆明之旅

一行八人赶到机场，乘下午一点二十五分的中国南方航空公司 CZ 342 班机出发到云南昆明。

这个向往多年的高山城市，到现在才有机会去。这次被好友请客，去享受云南省最好的东西：云茶普洱、云腿和云烟。我打趣说："不知道有没有云土？"

南方航空的候机室在十六号闸附近，颇畅阔。除饼干、三文治之外，还有粥供应。粥中有鸡和冬菇片，加了几颗西餐的香肠粒，还算可口。

飞机不设头等，这次坐的是商务舱，大陆人叫为公务舱，听起来像是给政府机构的要员旅行。

打开机内杂志《今日民航》，里面有篇报道骄傲地说："万名进出港旅客问卷调查显示，四成以上旅客自费乘机"，把"自费"二字的标题写得比普通字句大。

大陆人真好命，旅行起来，多数人是不必自费的，怪不得商务舱叫为公务舱了。

所谓的商务舱，只有八个座位，后面的经济舱，叫为普通舱，挤满了客人，座位很狭，大胖子叫救命。

机内杂志是中英文对照的，有一篇说“承运”旅客一千五百多万，两航再创新佳绩，英文版的标题则写为1.5Million，连封面上的小标题也那么出错。1.5 Million才一百五十万呀，少了十倍，一千五百万应该是Fifteen Million才对。

一贯都有吃得饱饱才上机的习惯，舱内食物信不过的，但那碗稀粥不争气，一下子给大胃王消化了，想到公务舱，吃的不会差到哪里去。

空姐把午餐盘捧了过来，用胶盒装着一个法国羊角包，另一个圆包，里面是咖喱粉沙律，另外一盒有三文鱼茸Pie和炸鱼条，最古怪而不称其他食物的只有一小条Mars朱古力软糖，澳洲公司生产，纽西兰制造。其他东西都是国产，为什么加这条澳洲货？百思不解，大概是设计机内餐的仁兄从小爱吃吧！

两个多小时的航程，抵达的昆明机场是新建筑的，留给初次来的客人一个好印象。是为这次国际花展而起的，更令人欢喜的是从机场到市中心只要十五分钟车程，当今的机场都离市区太远，北京、上海或深圳就是个例子，来回酒店坐车坐得泄气，昆明机场没这个毛病。

推行李出机场时发现设有一个斜坡，是段石阶。一不小心皮箱四飞。

城市很干净，空气又清新，虽然没有珠江三角洲的高楼大厦发展得那么快，但不受污染，还见到太阳。

下榻的五星级饭店，外观宏伟，内容简陋，各层还没有柜台，后面站着一个服务员。想起黑泽明告诉我去苏联拍戏时，喝伏特加喝到半夜才回来，翌日打电话去单位报告说生病了，不拍戏，干部大骂："谁不知道你是喝醉了！"

比狗仔队还要厉害可怕矣。

当地人员要我们五点半就出发，去另一家酒店吃晚饭，到达之后又需要等其他客人，我没礼貌地要求："我们在飞机上没吃到东西，是不是可以先上菜？"

主人即刻吩咐开餐，先上几个小碟，第一道是甜品，薄皮包着豆沙，其他四五碟吃起来都没什么印象。另一道火腿包着菠萝，也是甜的，还不错。

接着便是上著名的过桥米线，先来一大碗汤，里面什么都没有，再来一小碟切得薄薄的生猪肉、鸡肉和牛肉片，另有一碟葱，菠菜、白菜，都已渌熟的，还有一粒小鹌鹑蛋。

把米线和配料倒进汤，就那么吃将起来。

很显然地汤没什么味道，米线也粗而不滑，加入的配料太少，没发挥作用。

侍者大概看得出我的表情，或者大多数客人都是这种表情，就往桌上一指。

不知什么时候，已摆了一碟辣椒酱、一碟胡椒粉和一大碟的味精。

糊里糊涂地吃了几口，以为还有其他菜，哪知道已经上了很不好吃的甜品和水果，原来就此而已。

要请那么多人，预算有限，不能怪主人的招待不周，我们决定回酒店后再去找吃的。

分两辆的士怕失散，叫一辆面包车又要等四十五分钟，大伙儿说："不如在酒店餐厅吃吃算了。"

反正明天一早又要出发，明知酒店餐厅没什么水准，也将就叫了十几个菜，大家心有不甘，又要过桥米线。我换个胃口，看餐牌有炸酱米线，点了一客。

上桌一看，不是干捞的，一大碗汤，上面加了一些碎肉和辣酱混出来的东西，样子和颜色、味道当然没有奇迹出现，其他朋友等他们的过桥米线，一等就等了半小时以上，中间催促了三四次。

女 Captian 道歉："对不起，对不起！"

我笑着说："对不起不是一个答案，为什么要等那么久呢？原因在什么地方？"

"都是我不好，叫厨房做，没有盯住他们，结果大家都忘记了。"她回答得坦白。又把责任全揽在身上，大家都消了气，说不要紧。

再下去的几天，这种对不起、对不起不断地出现，可见得昆明人对接待外宾不很熟悉，但敢于认错，稍加学习，可爱得很。不是他们不对，是我们来得早几年。

鳗鱼人

在日本的大城市或小镇中，一定存在些开了数十年的食肆，一成不变地维持水准，一代传一代地生意照做。直到年轻人再也不肯学习，匠人老死，方消失。

具代表性的是鳗鱼屋。多数不用汉字，以假名写成一尾鳗鱼的形状。

香港已有很多人越来越懂得欣赏鳗鱼饭了，尤其是不能吃鱼生的人，更爱此味。

最初，我对鳗鱼的兴趣不大。邵逸夫爵士夫人六婶来东京，最喜欢吃“竹叶亭”的鳗鱼饭，常由我陪同。我对那层甜腻腻的酱油有所抗拒。中国人的菜很少下糖，能吃甜的，要在日本生活了一阵子才慢慢接受。我又嫌鳗鱼有细骨，像会刺穿喉咙，后来才知道鳗鱼的细骨容易溶化，吞下去也不要紧。

让我上瘾是在日本工作时，办公室的附近有一家古老的鳗鱼屋。二楼有榻榻米房，可以舒服地进食。当年，吃午餐时总是等位，能坐下，后面已有数人站着。三两下扒光吃完走人，是日常的习惯。

发薪水那天，我们办公室一共也只有四个人，就到这家鳗鱼屋去庆祝一下。

没有餐单可点，每人一客。先来一小串烤鳗鱼肝肠，来瓶啤酒喝喝。日本人吃东西前一定先喝啤酒，喝时还有很多借口，夏天说：啊，热死了，喝一口，冬天说：啊，干死了，喝一口。总之非喝一口啤酒不行。

再下来就是一个木盒，打开盖，里面便是两片很厚的烧鳗鱼，下面的饭淋上甜汁。加上一碗汤，汤中有一条鳗鱼的肠，吃后觉得甚甘美，最后有一大块蜜瓜当甜品。

引我们到这家店去吃的主要原因，是每天上班时经过，必见一位三十多岁的人在店门口烧鳗鱼。此君面相有点畸形，头尖身粗，像尾鳗鱼。眼睛极大，拼命地用把葵扇扇热炭火，浓烟喷出，进入眼睛，眼泪流个不停。

“别把脸靠得那么近嘛？”有一天忍不住向他说。

“不靠近看不仔细。”他没歇下工作回答，“烧鳗鱼，一定要给心机。刚刚熟最好吃。”

在日本住久了，当然尝试过其他人家的鳗鱼，一比较，还是要去他家吃。

原来这种叫蒲烧的艺术非常深奥，先选最佳的鳗鱼，剖开、煮半熟，再拿来炭上烤。烤时加甜汁，由大量的骨头和昆布等熬成，并非只下糖那么简单。

“真正的日本鳗鱼已濒临绝种了，现在把日本鱼苗拿去台湾养大，再运回来到日本湖泊中养殖，肉粗了许多。”最后一次见到他时他那么告诉我，“鳗鱼绝种时，也是我死的时候。”

是的，鳗鱼吃得多，便能比较出它的滋味。

第一，一定要肥要厚，脂肪混入肉中，细嚼后那股甘美是难于用文字形容的。第二，皮要更肥，油质更多，才是最上等的。我们中国人吃红烧鳗，头那截最贵，也是因为都是皮的关系。身体那截，皮只有一圈。鳗鱼皮是鳗鱼的精髓，烧得过熟太硬，生则发腥，最难控制。第三，米需选最精最肥大的新潟米，才能炊出一粒粒圆圆胖胖，样子像珍珠的饭来，给鳗鱼汁包着，还能发亮，才是最高境界。第四，是吃鳗鱼肠和肝，用枝竹签串起，烧得半生不熟最香。给胆污染到的苦味，变为甘味。

烧法分蒲烧和白烧，前者加甜酱，后者蒸熟后烤，下点盐好了，其他不用。

吃时撒上一点山椒。这也极有研究，好的山椒能把鳗鱼的滋味一带就带出来。次等货，吃起来像肥皂粉，将鳗鱼味完全破坏，肉不甜，又粗，什么滋味都没有，得个甜字的养殖鳗鱼，用什么山椒粉都分别不大了。

日本人每到夏天就要吃鳗鱼，他们迷信鳗鱼能给人体无限的精力，开始吃的那天叫“土用之日”或叫“丑之日”，全国大举宣传。其实，鳗鱼一年四季都有得吃的。问题是在夏天捕捉方便，不像冬天寒冷，鳗鱼养在池中养瘦罢了。

“我小的时候抓鳗鱼。”鳗鱼人一面擦眼泪一面说，“用个笥箕在田畔边一放便能抓到，湖里的水干的时候，就用锄头去掘烂泥，里面一抓就几十尾。”

他这么一说，我也想起童年在溪涧抓过，滑溜溜的，眼见那么多尾，到最后只能抓到一两条。

“那是多么美好的时候！”我说，“现在都搭成高楼大厦了。”

唔，他点头同意。

为生活奔波，离开了东京。去日本一想到鳗鱼，从成田机场直奔八重州旧办公室的鳗鱼屋去，已找不到那家人。

“死了。”隔邻有家古法按摩的女工告诉我，“不做了。”

“他没儿子承续吗？”我问。

“那个样子，谁肯嫁他？”女工回答。

说得也是，被烟熏得红肿的大眼睛，是很吓人的。

从此我没有吃过更好的鳗鱼饭。梦中，我时常去光顾，躺在二楼的榻榻米上，等待那又浓又香的蒲烧，想起那位鳗鱼人，不断流泪的朋友，自己眼角，也挂了一滴。

白子刺身

从札幌乘国内机，到东京转飞三藩市。

坐在我身边的是一位粗犷大汉，年纪与我相若。

“你是卖鱼的，还是捕鱼的？”我搭讪。

他愕然了一下，闻闻自己的衣服：“那股腥味到底还那么厉害吗？真对不起。”

“我不介意。”我说，“我连水商卖（日人叫酒吧、夜总会行业的名称）的女子也很尊敬。一份正正当当的工作嘛，不偷不抢。”

“你人真好。”他说，“你猜对了。我是个渔夫。我很爱干净，每天泡温泉，但还是有鱼味。”

“抓什么鱼的？”

“杂鱼。”他解释，“干我们这一行的叫陆绕，只能在近海捕鱼。去水深一点的便会给海上警察抓去坐监，因为我们没有深海捕鱼的执照。”

原来分得那么清楚和严厉，我追问道：“哪类杂鱼？”

“像 Gooko 和 Hata Hata。”他回答。

“Gooko 我吃过。”

“认识 Gooko 的人很少。”他说。好像不太相信。

“样子像河豚，丑死人。不同的是还长了一个吸盘，全身只有软骨，用刀斩块煮面豉汤，真是又肥又甜。”

他听我说得头头是道，不再猜疑。

“我还听说这种鱼一生只是用吸盘吸在石头上，永远不动，才那么多脂肪的。”我继续得意吹嘘。

他笑了：“这就讲错了。告诉你的人，有没有说过 Gooko 的个性给你知道？”

“Gooko 有什么个性？”我好奇。

“这种鱼只会直游，面前有障碍的话，不会转左就转右，照样直直地游去。”

“那么碰到石头不就一生吸住了嘛。”

“不是。”他说，“那个吸盘只是用来休息罢了。抓 Gooko 的季节在二月，天气最冷的时候，也是最坏的时候。Gooko 被浪冲得头昏脑涨，就浮上海面，给我们捞走。不过，这个时期出海很危险，我的朋友不知多少个沉船淹死了。”

见他一脸凄怆，敬佩之意油生。

“经过风浪，做人更有自信。”我说。

这渔夫点头，望着我，我们各要了一瓶清酒干杯。

“那 Hata Hata，你也一定吃过啦？”他问。

“吃过，在秋田旅行时第一次吃。”我说，“那是三十多年前的事，很肥大，肚子里很多春。”

“是的，Hata 已经越来越小了，从前拿来晒干烤着吃，还有很多肉，现在只能煮汤。都怪我们不好，我们用的是拖网式的捕鱼方法，什么鱼都抓个清光。”他摇头。

“那时候的小 Hata Hata 是用来做鱼露的，做法大概也是由中国传到日本的吧，叫 Shyoo Tsuru。这种调味品目前也少见。”我顺口说。

“啊，懂得 Shyoo Tsuru 的人不多。”他感叹后望着我，又各干一杯。

“不过我这次在鱼市场中还看到大的 Hata Hata。”

“那是韩国输入的。”他说，“味道不能和日本的比。我们很多水产都是从韩国运来，海苔、海带等都是，但都没日本的好吃。”

“那是因为价钱便宜，加上你们对韩国人的偏见。”我不客气地指出，“Hata Hata 也许真的是日本的好，但是海苔、海带我相信分别不大。”

渔夫沉思了一下：“你说得对。人嘛，小时吃过的印象总是深刻的，长大后吃什么都比不上，当年的味道也不一定是天下美味。”

我点头，大家又碰杯。

“近海还可以抓到什么鱼？”

"很多。"他说，"到了十月，最多的还是外国人叫为三文鱼的鲑鱼。"

"鲑鱼不是养的居多吗？"

"只能把卵孵成鱼苗，放在溪中让它们游进海里长大。到了产卵期，还是会回来，它们的记忆力真强。"

"刚要去产卵，不是很肥？"

"是，但颜色不美，灰灰暗暗的，它们要游到河里才开始变色，有些全身透红，叫红鲑。愈近产卵那天颜色愈鲜艳，漂亮得不得了。"

真想亲自看看。

"你有没有吃过鲑鱼的白子？"他问。

日本人称鱼的精子为白子。想起来，鲑鱼卵 Ihura 吃得多，就是没有吃过鲑白子。

"好吃吗？"我问。

"哇！"他装出一个口水直流的表情，"趁新鲜拿出来当刺身吃，不知多好！"

我想我当时的表情也是口水直流："哪里有得吃？"

渔夫交一张名片给我："十月份要是你来北海道，我亲自剖几尾大鱼的白子请你。"

"一言为定。"我说。

飞机抵达东京，我们互相拥抱。他的一身腥味，好闻。

阿丽雅

阿丽雅离巴塞罗纳不到半小时，靠海，但小镇不建于海边，筑置小山坡上，一大片一大片的矮树，原来都是葡萄，它是一个闻名的酒乡。

大街上，有个云岗石雕，象征大压葡萄的酒器，纪念此镇的成就。另外看到的是多间陈设得很古雅的酒斋。

店里，一定摆着很多巨大的木酒桶，挂着牌子指示酒的各种年份。酒桶边摆了几个“柏隆”盛酒器，它可以直射佳酿入喉，客人免费地试酒。你要是够胆，不买而白喝，店主人也不会赶你出去，让你喝个饱，绝不吭声。

我们在阿丽雅找到一个古老的学校大门，陈设为神经病院的入口，拍起戏来。等到工作顺利，我才发觉一大早出发，还没有吃东西。

四处游荡，找到一间巨宅，以前是什么伯爵的家，现在改为一间餐厅，就进去胡乱地叫了些火腿炒蛋，又要杯茶。

西班牙人只爱咖啡，对喝茶一点也不讲究，给我半杯滚水，再扔进个茶包。只好不加糖，当它是糖茶喝。

半杯不够喉，再向餐厅老板多要，那个大胖子忽然板起脸孔，叽里咕噜的一番洋话，大意是："阿丽雅是个酒乡，你来这里喝他什么鸟茶？"

接着他指向墙角的大酒桶，咿咿呀呀地要我自己去添酒。恭敬不如从命，我到柜台后去拿盛酒器，见大大细细的酒壶，就选了个最小的，到酒桶旁，打开龙头，注入半壶红酒，提回餐桌。

大胖子由长柜后走出来，挡住我的去路，直摇头："客气什么？这酒，我请！"

只好又回到大酒桶，不管三七二十一地加满一壶。餐厅老板才满意地笑。好家伙，那酒入口即化，不酸不甜，极容易下喉，阿丽雅的佳酿，果然名不虚传。大胖子看我的神情，更是得意，我一壶未完，又献上白酒和玫瑰酒各一大杯，期待我试后称赞。在西班牙不变成酒鬼，真难。

逛菜市

过新年准备吃得丰富一点，到巴塞罗纳市中心的圣荷西去买菜。

因为这城市靠地中海，所以水产特别丰富和便宜。看到许多前所未见的鱼类，真能满足我的好奇心。

值得一提的是鳗鱼幼苗，每条只有牙签那般大小，一堆堆地在蠕动，也有已经蒸熟的，伸手抓了一尾入口，鲜甜得很，比白饭鱼还好吃。如果进口到香港的海鲜店，不愁没有老饕来尝试。

看不惯他们吃兔仔肉，一只只剥得光秃秃的，那两颗红眼睛特别大，瞪着人看，非常恶心。也有连皮带毛的，挂满了整个档口，还以为在卖皮草。

牛肉是他们的主食，各个部分分开来卖，不熟悉料理的人分辨不出。西班牙人吃内脏的，尤好牛胃，他们有一道菜是用番茄和辣椒熬，软熟可口。奇怪的是他们爱吃牛睾丸，但不知怎么烧法。

澳洲大绵羊的肉在这儿看不到，他们吃的是像狗一般大的山羊，挂着一条条的羊腿，真想买一只来试试，烤香后用手抓着吃，过一过梁山泊好汉的瘾。

腊肠是少不了的，一算有几十种那么多，一样一样试也要大花工夫。有一种是黑颜色的，打听之下，才知道是猪血做的香肠。

有时走过玩具店，看到塑胶鸡的模型，黄油油的，不像我们常吃的白皮鸡。在这里摊位上出售的鸡，和玩具店的一样黄皮，只想发笑不想吃。

蔬菜主要是豆类、包心菜、胡萝卜。西洋芹菜很特别，有半个人那么高。

中国人吃得惯的只有白菜，以一个多少钱计算，很便宜，特大号的居多。

芥蓝、菜心、蕹菜不出产，笋更不见，西班牙不产竹。

好在辣椒还是买得到，虽没有指天椒那么厉害，也顶够辣的。

小贩们得天独厚，下午也有两小时的午睡，不像我们一天做到晚。

一切食品的种类那么多，中国谚语民以食为天，这句话在西班牙也行得通。

年夜饭

新年这顿饭吃得好开心。

主食是洪金宝做的火锅，先把从香港带来的虾米洗干净煮沸打底，最低一层由火腿的精肉铺起；第二层葱蒜、第三层新鲜的冬菇、第四层半生不熟的白切鸡肉、第五层白菜、第六层猪肝腰润、第七层西洋生菜、第八九层为蛋包皮的饺子金元宝和小型狮子头。最后还要洒上葱花芫荽。

这一顿饭的准备工夫做足了数小时，还没有开炉之前大家的肚子虽然都咕咕在叫，但到底忍着不敢偷吃。

成龙吵着要煮饭，洪金宝说："有菜汁意大利粉当面。泡了一大锅了，还怕吃不饱？不准！"

最后还是拗不过成龙，煮了一大锅。因为这里没有电饭煲出售，用的是普通的器皿，所以产生了怀旧的锅巴来。味道一出，大家又口水直流。午马说："好，好，锅巴壮阳！韩国人拿来泡开水当茶喝，有道理！吃之，吃之！”

一切准备完毕，各人举杯，互庆新年快乐，话还没说完，已经开始狼吞虎咽。

吃个半饱时，洪金宝摇摇头：“可惜可惜，少了冬粉和竹笋。”

“是呀！来到西班牙，从来没看到一棵竹，哪来的竹笋？”午马嚷道。

“管他什么竹笋！”成龙说，“来，再添饭！”

他已经吃了三碗。

“哎呀！”洪金宝跳了起来。

“什么事？”大家问。

“刚才买的鲜鱿忘记放进去了！”

“管他什么鲜鱿！”成龙喊完又要添饭，但是连锅巴也被吞完。无奈，用手抓一把意大利粉下锅。

不知不觉两三个小时已经溜过，一大锅东西所剩无几。本来进食之间还有几句对白，但现在大家已饱得连话也懒得说。

又想起家，各人都沉默了半小时。眼皮已睁不开，慢慢地把头倒在桌上。

朦胧之中，听到洪金宝喃喃的京腔：“唉，饭气攻心呀！饭气攻心呀！”

幻想大餐

在巴塞罗那，自己做的早餐太简单，中晚饭时又忙着工作，只好在外头泡餐厅，很想好好地烧一顿菜，但是哪来的时间？

星期日休息，本来可以一早去买菜来做一桌宴席，但是小贩们也要放假，没有新鲜的鱼肉，做起菜来兴趣索然。

烧一顿好菜的念头不断出现在我脑中，今天在现场拍戏等太阳，我把要烧的菜式讲给西班牙同事们听：

你们吃的习惯是先来冷盘，吃来吃去都是火腿沙律之类，不如做个特别一点的。西班牙的龙爪螺又肥又大，像个大拇指，买一些回来白灼一下，剥开软皮，用锡纸包着丑陋的爪部，只露出鲜肉，锡纸的另一端扎着大葱的幼苗，切开成花，一碟整齐地摆设十二枝，中间放一小碟柠檬汁，蘸盐后细嚼，保持原来的鲜甜和爽脆，如何？

西班牙人打猎后，将野鸡出售，以野鸡来清炖成汤，加几小块火腿精肉，上面撒上炸小红葱的细片，味道相信也不错，是不是？

选肥大的白香菇，横切成片，酿上虾和猪肉，撒点西洋芹菜的碎粒，只要蒸上两三分钟，即能上桌。主要的是蒸得够干，要不然碟中留水分，就不成样子了，你说是吗？

用小羊腿略涂上蜜糖，烧个半焦，只吃里面香喷喷的部分，肉柔软，除了假牙也可以嚼烂，大家喜欢不喜欢？

大鱼头用白酒来红烧、海田螺肉由壳挖出后以大蒜爆香、螃蟹肉切片和奶油果亚华卡度混杂，这一道海鲜你们还满意吧？

最后来个蔡家炒饭，佐以蔡家泡菜，嫌不够刺激，可来一碟蔡家辣椒酱。

甜品我不喜欢吃，恕不做了，只买上好的梨、甜蜜葡萄和瑞士软芝士一起吃，味道又像肉又似蔬菜。

咖啡我也不中意，你们自己泡。浓茶可少不了，铁观音、普洱，由东方带来。要下糖的话，就把你们赶出去。说到这里，西班牙同事一个个走开，大喊受不了，要去找块面包夹香肠充饥。

花生

忽然想吃花生炖猪蹄汤。

西班牙人也喜欢吃猪脚，到超级市场去，看到一只只洗得干干净净、白白胖胖的蹄髈，用玻璃保鲜纸包好，口水直流。它的价钱又十分便宜，便买了三只。

“要怎么切法？”屠夫问道。

我耸耸肩，表示怎么都好。原来他们的习惯是由中间剖开，再切一块块，与我们的斩为圆圆一圈圈不同。

好了，剩下来的是找花生。到豆类部门，有黄豆、绿豆等大大小小豆，还有花花绿绿、身上赤纹斑斑的奇怪豆，就是找不到花生。

“请问花生摆在哪里？”抓着一个走过的店员询问。他向角落一指。

我高兴地过去找，果然有剥好和带壳的，但是都是炒熟或煎热，没有生花生买。失望回家。

看着这三只猪脚，一下子束手无策，要怎么吃法？真后悔没有把食谱带到这里来，翻看一下，一定可以得到许多灵感。想个老半天，整个人呆住，如果你能看到我那个傻样子，一定失笑。最后把它用酱油给红烧了。虽然也香喷喷，但越吃越气。

见到每一个西班牙同事，都问哪里有生花生卖，大家摇头摆首，说不知道。他们也很肯帮忙，问他们的老婆。老婆反问道："花生炒熟了才好吃，生的用来干什么？"

找遍整个巴塞罗那市，就是没有。

好吧，没有花生就用黄豆来代替，又买猪脚入厨房，哪知这里的黄豆很嫩，不到十五分钟，已经滚个稀烂，看到那几块半熟猪脚浮在一堆黄泥浆上，即刻反胃。

每晚梦见吃花生炖猪蹄。

一天，在酒吧狂饮，酒保送上一包下酒的油爆花生。灵机一动。有了。我抓着那包花生往外跑，人们都以为我疯了。

包装上有商家的地址，我找到它的厂，趁他们还没有把花生炒熟之前买了一公斤回家炖了一大锅，吞得一干二净，整个身体涨满了花生，差点由我的耳朵中流出来。

牙签面

我喜欢面食。

到了西班牙，最头痛的是没有面。带来的几个即食杯面，在飞机上已当早餐和同事们分享。现在，多想有碗云吞面吃。

到这里的中国餐馆，一看菜单上有汤面和炒面，马上口水直流，各叫了一品。

上桌了，样子不错，和上海大面条一样，吃下去才知道不是味道，原来却是意大利粉冒充的。

“为什么不买中国干面来烧呢？”我问餐厅的老板，“道理和泡开意大利粉一样呀？那不是好吃得多吗？”

“中国食品进口管理得很严格。”他回答道，“要去伦敦和巴黎买货也是很麻烦的事。反正，西班牙人吃不出什么是蛋面，什么是意大利粉，我也不是专做中国人生意的，何必多此一举！”

我一听也觉得有道理，只好把那些生硬而无味的面条吞下肚子。决定以后只叫炒饭来吃，不去碰面。西班牙的米，样子还很接近东方长的，可是一点香味也没有。

到深夜，肚子一饿，就想面，想想，女人的头发都变成面条。

买了几包像“美琪”食品包装的西班牙汤面，照足封面的说明煮食，一面煮一面用汤匙搅，不然便黏在一起，完成后一看，清汤变浓浆，样子和滋味都是一塌糊涂。

回到中国餐厅，不知不觉地又叫了一碟炒面，还是那他妈的意大利粉泡的，越吃越生气，越生气越吃。啊，一定要想个办法解决我这吃面的苦恼。

有了。那是在印度。我们去一家乡下的中国菜馆，何梦华导演叫了一碗云吞，吃下去后我问他：“什么味道？”

“没有味道。”他静静地回答。

我叫的炒面来了。天！哪有什么面，是一碟酱油牙签。跑进厨房和大师傅理论，只看到一个印度小子，拿一大把干面条折断后就往鼎里扔。想到这里，就算吃意大利粉面，也感到很幸福。

香肠颂

拿掉欧洲所有的香肠，我相信一半人要饿死。

他们好像命中注定早中晚三餐都要吃香肠。到食物店去，旁的肉类可以不出售，墙上却必是挂满香肠。

这里香肠的种类多得数不清，大大小小、圆圆长长：牛肉、猪肉、鸡肉，新鲜的和发霉的，红色、白色和黑色。

我们以为香肠主要是以瘦肉加肥油制成的话，那是大错特错，肉也分背肉、脚肌和肚腩等部分，连猪血也能灌成肠。

最妙的是头肉香肠，它把猪的头部，包括耳朵、舌头切成碎片，压制而成，有点像潮州人做的“猪头粽”。

各种香肠都分等级：肉的那一部分，所掺的肥肉倍数多或少，构成价钱昂贵或低微。单是刚才所提的头肉香肠，上佳者切成薄片后入口即化，又能轻易地将耳部的软骨咬碎成汁咽下。便宜的，猪头刮不干净，吃起来满嘴是毛。

欧洲人对吃，大多数不求讲究，也许是懒惰吧。香肠横切两片，夹了长条硬面包，再来一瓶啤酒，就生吞活剥入喉，这一点我以为自己永远做不到，但是等到肚子饿，工作又繁忙时，便明白了他们的心理。

当然不是每个欧洲人都是那么简陋。吃香肠，除了生吃，还可以烤熟，不然在油里炸一炸，再来可与豆子一块儿加番茄煮熟吃之。

用平底锅，加橄榄油煎，是最普通的热食方法。高手师傅会用铲子从香肠中间直切成两半，外边还连一层皮，双面煎个半焦，吃起来又香又脆。

香肠别名可真多，但是最光荣的是吃到以地方为名者，如小指大小的叫“维也纳”，长条的称为“法兰克福”。

讲来讲去，我还是喜欢中国腊肠，天气一冷，在油饭上蒸两条肉肠、一条润肠，三大碗饭下肚，还不觉得饱。

极豪华的是在越南吃的，它以龙虾加肥猪肉炮制，目前已很难吃得到。

唉，越写肚子越饿，又去切两半最普通的香肠充饥。

海鲜饭

很多东方人吃不惯西餐，来到西班牙后什么都吃不下，看见邻桌有人叫了一大碟的饭，眼睛发亮，这就是地中海菜里最著名的海鲜饭了。

热腾腾、香喷喷的饭里，掺有鸡肉、猪肉、番茄和各种香料。豪华者加了虾、蛤蜊、青口、小种龙虾和鱼肉，煮了一大锅上桌。侍者一碟碟地替客人分好，有中餐馆大碟炒饭两人份之多。最后将鱼虾摆在饭上面，引人垂涎。

一吃，才知道不对，饭是半生熟的。味道比想象中怪，唯有把海鲜吃了，留下一堆饭，眼光光地望着，再也咽不下。

原来西班牙人不把饭当为主食。米，对他们来讲，和豆类一样，是菜餸。他们的面包，才等于我们的饭。

饭是西班牙人的拿手好戏，人人会煮。我们在拍外景时，化妆师与服装师带了道具到郊外现场。生个火，就煮起饭来。

我好奇地去研究她们到底怎么胡搅，因为这两个人是职业妇女，不大走入厨房。

她们并不以锅炊饭，用的是一个平底的大锅，没有盖子，怪不得西班牙的饭烧得半生熟。也不等水煮滚，她们一把一把的将生米丢进去，接着是鱼虾贝类、鸡肉和蔬菜像扔垃圾一样加入，撒上大量的番茄酱、糖和盐及胡椒粉后，就什么都不管，让它自生自灭。等水干了，著名的西班牙海鲜饭便完成。

“柏伊雅”PAELLA并不单指海鲜饭，而是这种煮法的通称。西班牙人遇到两个L字在一起念成Y，所以不叫“柏伊拉”，变为“柏伊雅”。海鲜饭算是贵菜，普通人家只是丢些火腿头、火腿尾和便宜的蔬菜如洋葱之类，就是一碟柏伊雅了。

巴塞罗那有家餐厅，只卖柏伊雅一味。当然分很多种烧法，但是吃来吃去都是一个味道，值得称赞的是它对每一种柏伊雅的命名，风趣得很，饭店自己发明的烧法叫为“没有历史文化的柏伊雅”，另外有一碟是烧后淋上鱿鱼的墨汁，叫为“古达·坚地”，那是《根》的黑人男主角的名字。

没有用

已是栗子盛产的时候，随街是卖栗子的摊子。

不过，南斯拉夫人吃栗子，独沽一味地将它们放在铁板上烤，待其爆开，便一公斤一公斤地出售，我摇摇头。

南斯拉夫同事不服气，问说："那你们又怎么吃法，说来听听。"

"有时，我们拿来炆鸡；有时，我们把香菇加在一起做罗汉斋。不过，最普通的吃法是和小石块炒，加进糖，火不直接接触到栗子，炒了出来的又油、又甜、又香，百吃不厌，你没有吃过，实在可惜。"我说。

同事冷冷地说："这些东西我又没有尝试，不知道它们的味道，就不觉得可惜，说给我听也没有用。"

我看他不近人情，就不睬他。他反咬一口："那么你们连石头也吃下去？"

"当然。"

"味道如何？"他惊奇。

"你不知道，说给你听也没有用。"

吃什么？

朋友很关心地问我："你在南斯拉夫吃些什么？"

谢谢大家。这里吃得很好，但是吃来吃去还是那几样。首先来的是一个前菜，有芝士和生火腿，再来一个汤，多数是用鸡肉熬出来的，最后有一些烤牛肉或猪肉。

这里的人什么东西都下很多油去煮，青菜沙律也是又油又醋，难咽下喉，又怕不够维他命 C，只好拼命吞进肚子。早餐的煎蛋，像是油浸的，真的非常难挨。

南斯拉夫人喝餐酒多数喜欢一半酒，一半矿泉水，这里的水甘甜，比香港流行的那个法国名牌的更好喝。

进食时与其他地方最不同的是它的胡椒和盐。其他地方装入小玻璃瓶，但是这里只用两个连在一起的小碟盛着，用叉子或餐刀点一点撒在食物上。

公营的餐厅侍者服务很慢，那么大的地方只有一两个人管理，而且侍者态度阴阳怪气的，每一道菜都要花个十五分钟以上，最后算账给钱也要等，一餐吃上两个钟头，我这个急性子的人实在等得不耐烦。

个体户的食店，伙计态度好得多，吃完后还再三前来道谢。

两者的价钱都不贵，通常五块钱美金就有丰富的一餐，要是花上二十块美金，那便是大豪客了。

海鲜的种类不多，鱼虾的烧法也没有变化，不是煎就是烤，当然又下了一大瓶油。

南斯拉夫人不像西班牙人那么好吃，他们老老实实地吃饱了就算，很少遇到老饕。这里没有麦当劳，最快最便宜的是烤个意大利饼充充肚子，港币十元。

南吃难吃

南斯拉夫菜，吃来吃去都是那几样，先来一碟芝士和生火腿，再来一个面汤和最后的烧烤猪牛。

有些工作人员才来几天，就大叫："吃厌了，吃厌了。"

留学回来的年轻香港人倒都很习惯，他们有炸马铃薯吃，已津津有味。

到餐厅，每碟菜与茶之间等上半小时，一餐总得花两个钟头，我就不耐烦，常找个快餐厅填填肚子算数。

郊外有烤乳猪和幼羊，一只只在火上熏个半天，皮脆，绝不逊中餐，但也不能每天往乡下跑。

偶然，也可吃到饭，多半生熟，吃到胃痛。

这里流行吃意大利比萨饼，一英尺半直径，烤得又厚又香，加上芝士和香肠片，肚子饿了，也觉得不错。

但是，每天做梦，总是以虾饺、烧卖和糯米鸡结束。

四汤

在大喊吃来吃去都是那几样菜的时候，我又发现了一些非常地道的南斯拉夫美味。

那是四种汤：一、炖鸡和细面，这一味东西和中国食物非常接近，人人都喜欢，只可惜面条是用来装饰的，只有那寥寥数根，绝对吃不饱。

二、牛肚汤，用番茄和牛肚熬个四五个钟头，加上橄榄油，浓厚得很。这是南斯拉夫的劳动者的早餐，一大碗汤，把面包浸在其中，起身就吃，包管能顶到中午也不肚饿，味道当然不如潮州牛什，但能吃到牛肚，有亲切感，中国人都爱喝。

三、牛肺汤，其味比牛肚汤更鲜甜，把肺切成细丝，样子并不恐怖，如果不告诉中国人原料是什么，他们会吃得津津有味。

四、牛腩汤，我最爱吃，因为熬汤不用水而是用红酒，多吃会醉。原料是用牛腩切成细方块，炖后柔软，入口即化，中间又有蔬菜掺杂，汤虽浓，但不腻。宿醉后喝一碗，相当于解酒的还魂汤。

南饭

南斯拉夫人把饭当成是副食的菜餸，一条鱼上桌，碟上加上一团饭，用冰淇淋匙壳压出来，绝非吃得饱的东西。

偶然，也吃到一碟，上面浇上些肉汁和鸡块，他们把饭当成意大利粉般的打底。

另外一种煮法是将八爪鱼的脚切碎，混在饭中，还挤出墨汁，把饭弄得黑不溜秋的，看来呕心，但尚可口。至于西班牙出名的海鲜饭，这里不流行，在餐厅吃不到。

米在这里是一小包一小包地出售，价钱当然不便宜，我们要炊一大锅，至少用上五六包。到底多少钱？大约是他们在我们的地方买马铃薯时觉得那么多吧！

饭烧出来，却有股味道，像是战后粗糙的米一样。自己煮时，米因品种不同，时间抓不准，炊出的都失败。

现在想起那一粒粒肥胖、雪白的饭，口水直流，只要淋上酱油，或有一小块腐乳，便能吃它三碗。

“呀！”南斯拉夫友人惊奇，“饭也能炒的吗？”

“当然啰，”我说，“用鸡蛋、叉烧、腊肠粒、芥蓝片、虾仁、大蒜，炒起来，整个厨房香喷喷。”

“我喜欢在饭上加牛油，洒些汤，泡点滚水！”他说。

我不屑地：“这种吃法，简直是侮辱粒粒皆辛苦。”

“我不明白你们为什么每餐一定要吃饭。”他说。

“我也不明白你们为什么每餐一定要吃面包。”我回敬。

“既然你嫌我们煮的饭难吃，为什么你还要叫侍者拿来？”我们在一起吃午餐的时候，南斯拉夫朋友问道。

“和你们吃不到面包时一样。”我说，“我们吃的不是饭，是童年、是习惯、是乡愁。”

饿鬼再世

一生不喜欢吃甜，来到这里，每天是肉，蔬菜只是所谓的沙律，青菜中加一大堆油和醋，难以下咽。

每天想念蚝油菜薳、大地鱼炒芥蓝、虾酱通菜、猪红韭菜、干烧冬笋，就快发疯，但吃到的又是番茄、番薯，什么都是番的，干脆就拒绝吃他们的蔬菜。

身体少了这一部分的食物，一定要找东西来补充，便开始吃水果。

南斯拉夫的生果价贱，到处均有出售，种类不少。

对有一点点酸的，我怎么也吃不下，如和这里的苹果就没有缘分，梨却是我喜欢的，香、清、甜，所以吃了很多梨。

葡萄也带酸，但是买回来放到熟透，又转得很甜，杏和桃也是一样。

菜市场有百多个摊位。其中出售无花果的最多。“一公斤多少钱？”我问。

那位老太太伸出大拇指，这并不表示好的意思，南斯拉夫人将之代表为一，原来一公斤只要一百典那，即港币三块，美金两毛多。我比出三个指头，老太太会意，称了三公斤给我。

无花果越熟越甜，那堆样子难看的最好吃，装入纸袋中，它的汁透出来，要用双手捧着才拿得回酒店。

学南斯拉夫人用冰凉的水龙头水冲它半小时，面盆放不下，干脆倒入浴缸，三公斤的无花果，占去不少面积。

等到够冻，便站在缸边大吃特吃，有略不甜的即刻扔掉，到最后，只吸中间的肉，皮不吃，弄得满嘴满脸都是，愈吃愈过瘾，几乎不能停止。

抬头一看，镜中反映的我，扮演饿鬼，不用化妆。

水果

已经养成吃水果的习惯。

水果的定义，应该是甜的。对略带酸味的，我还是不喜欢，如果要吃酸的东西，干脆买柠檬吸噬。

在这里吃到的最甜的是无花果，这种东西香港只有晒干的出售，放一粒进去煲汤，已甜得要死，你想想看新鲜的有多可口？

无花果越熟越好吃，我们通常一买就是两公斤，选熟透的，生一点的放它一两天之后慢慢享受。

把它们装入大玻璃罐中，让冰冷的水龙头水冲它半小时，剥开，只吃肉，皮扔掉。吃不完，第二天，果汁流水，在缸底凝成一层厚厚的蜜糖。

现在上市的有葡萄、杏、桃子、枣、梨和苹果等等，菜市场中应有尽有，一摊摊的有几十家之多。每公斤最贵的不超过港币八块，最便宜的只有两块半。

哪一种水果最甜呢？很容易分辨，蜜蜂麇集的最甜，它们最直觉，最聪明。

醉葡萄

外景地附近有个葡萄园，印象中，这种果实应该长在架子上，但现在以新的办法种植，是像立了电线杆，然后让葡萄沿着无数的长绳爬上去。

成熟的时候，绿叶已经被紫色的果实遮掩，看到的是一条条的葡萄堆，像巨蟒般的布满大地。

趁休息时间跑去葡萄园玩，主人见到中国人，微笑迎上。我们说付钱买他的水果，见他直摇头：“你们能吃多少？尽量采吧，我的葡萄不施农药的。”

以前看电影里的罗马人将一串串的葡萄往嘴里塞，好不羡慕。现在不只是一串，我们采的是无数串的一长条。

双手将长条拉直，好重，最少十几公斤，然后很暴殄天物地把长条放在嘴前，像吃巨型玉蜀黍一样左右乱咬，弄得满脸果汁，衣服一塌糊涂，好不过瘾。

肚子胀饱，葡萄好像在胃中发酵酿出酒精，醉人。

孤独

一个人在房间里煮食。

今天买来的蘑菇特别巨大，又白又胖，一公斤才卖港币十五块，购入三块的，已足够烧一大碗蘑菇汤。

南斯拉夫的老太婆出售一种鸡丝面，用鸡油和鸡蛋及面粉搓成，富有弹性，入口香甜，绝不输给我们的拉面。

把面在蘑菇汤中烫熟，捞起来加点由远方运来的蚝油。一切准备好，慢慢吃。

脱掉外衣，剩下T恤和底裤，也不顾对面窗口的人会望见。这间酒店没有冷气，现在实在太热。

听着收音机，跷起脚大嚼面条，酱汁溅得满身，刚才切下的蘑菇蒂还滚在地上，吃了再收拾。

和旁人在一起吃饭，总是让人家先尝好的，处处照顾到细节，自己一个人进食，哪管得了这么多。

孤独是一种享受。但如果不顾旁人的感情，那么孤独将只是孤独。

无花果

从前对甜的东西一点也不感兴趣，自从少喝白兰地，身体对糖的需要增高，已能吃一点水果。

我不喜欢酸的果实，要吃一定吃甜的，越甜越好，还有什么比无花果更佳？

无花果小如过年的金橘，大起来像一粒枇杷。呈紫黑色，皮很薄，难剥。吃时用手指捻，打开两瓣，用牙齿去啃。果实中有芝麻般的种子，绝不消化。它无花，不能靠花粉播种，唯有被吃进鸟类体内，再带到各地。

前南斯拉夫，现在的波希尼亚买无花果，只要看到蜜蜂麇集之处，果实一定甜美。它们熟透，流出蜜来。吃进口，是名副其实地甜到漏油。

墨尔本菜市场中买到的无花果，一公斤才二十块港币，已有二十几粒巨大的。放入雪柜，或在冰冷的自来水下冲一阵子，又甜又冰，是无上的美味。中餐吃厌了三文治，以此代替，一公斤吃得饱饱地走不动。

除无花果，在这里还能买到荔枝和龙眼，澳洲在地球的下面，季节相反，现在是夏天，能吃到很多热天的水果。荔枝和龙眼都是种来满足亚洲市场。起初无味，但越改良越像样，价钱也低廉。来到这里，应该吃当地货，无花果还是我最爱的。

和人一样，并非每个都聪明。无花果也掺杂了一些全无味道的。南洋人叫这些果实为“鲁古”，骂人为傻瓜，也用这字眼。

澳洲人一般很友善，和他们接触时，会与你多谈几句，但也有一些“鲁古”之人，什么道理也说不清。

遇到不好吃的东西，咬一口就抛弃，请澳洲工作人员也是一样。好在这是一个自由社会，可以随时炒人鱿鱼。我们在共产国家拍戏时，来一个“鲁古”人，要铲除他，需一番挣扎，才有结果。

福建薄餅
MaMa

Breakfast
Stone
Make up
Oyster
Golden
Cavier
Havana
Rain
Very
Interesting
!!!

野田岩
うなぎ
五代目
野田岩

勇记

越南菜之中，我只喜欢吃他们的牛肉和鸡肉汤粉 PHO。

当然，最好吃的已经移民到法国巴黎去，在香港至今还是找不到一档称心合意的。

PHO 的吃法和味道不下数十种之多，但分两大类，一种是汤极浓郁，含多种香料者，另一种是清淡的，以鸡或牛骨熬出来。

印象中，在澳洲也吃过一碗好牛肉汤粉，这次到墨尔本，遇越南华侨朋友海哥和铿哥，问说："此地还有地道粉可吃？"

他们即刻带我到一家叫"勇记"的去试。"勇记"一共开了三家，在罗素街、车站街和维多利亚街，只有越南埠的维多利亚街那家味道靠得住，友人说。

任何时间，这家河粉专门店都挤满了客人，听说有一天澳洲总理来吃，也得排队。

等了一阵，终于坐下。我要一碗写着"特别"的牛肉粉。

所谓“特别”，第一，是碗很大，分量足，肉也多，可以另外加一两味，我加了一个牛鞭。友人问：吃得消吗？我说这把年纪，吃一吨，也起不了作用。牛鞭没有异味，比牛筋软熟，就此而已，并非吃来进补。汤进口，的确香甜。

“这里有牛血，吃不吃？”伙计问。

当然。要了一份，以为是血淋淋的，但上桌时一看，原来是用极滚的牛骨汤，把新鲜的血一撞，即刻结成豆腐般的块状，并不恐怖，而且相当地清甜可口。

芽菜可以生吃，也能请店里烫熟，加上金不换叶子，还有大量的辣椒或是他们供应的沙茶酱，那么大的一碗，可连吃三大碗。

地址是：196，Victoria St，Richmond，Vic。

正宗

又到 Richmond 的“勇记”吃越南牛肉河粉。“勇记”有数家分店，唐人街上那一间亦试过，但味道绝对不如 Richmond 的本店。

越战时期，大批难民来到墨尔本，现在共有四个越南区，人口比中国人还多。

河粉吃得多生厌，问在 Richmond 相熟的杂货店老板：“哪里可以吃到正宗的越南大餐？”

老板遥指一家，即去光顾。看到上桌的春卷，包得小小的，但皮是那么厚，就知道不对路了，果然相当难吃。

向友人海哥说：“不可能吃不到正宗的越南菜吧？”

“一般的都为了迎合鬼佬改变口味，我来安排。”海哥人最好，有求必应。

星期六晚上，海哥带我们到 Footscray 的 Hopkin 街一百号，一家叫 NHUY 的餐厅去。

"这个区不太安全。"海哥说，"单身的人很容易被当街打劫。如果不是我带路，你们最好别自己来。"

看见餐牌上有一道"咖喱鳄鱼肉"便先要一客。咖喱味很香浓，但已吃不出到底是鳄鱼、鲸鱼或是鸡。总之是介乎鱼与鸡之间的肉质，并不特别。

但是试一试碟子中的鱼露，就知道这店名不虚传，的确有水准。菜做得好的店铺，鱼露必是不太甜、不太咸、不太酸，但非常之鲜。

另有一大碟的生菜，包括了豆芽、高丽菜、薄荷叶、金不换等，还有新鲜的紫苏叶，单单以此点鱼露吃，已惹味得很。

主角酸汤上桌了。它是以鲈鱼为底，加以菠萝、淑女手指、香茅等等蔬菜和麦粉熬成，又加一种越南独特的酸粉和指天椒，又甜又辣又酸，汤越熬越浓，鱼肉点着鱼露吃，啊啊，连吞白饭三大碗。大喊：正宗！

无名店

走过几条街，便是那家无名的店。

门口有个大招牌，写着“天丼”两个字，这个丼字是日本发明的，“天丼”只是食物的名字，不能当店名，所以说这家小店是无名的。

招牌的上端还有“立喰”二字，表示客人只能站着吃的意思。

这种吃法不习惯时觉得很难受，其实非常卫生，食物直接流入肠内，又快又省事。

“天丼”是把鱼虾蘸着面粉浆，在油中炸一炸，铺在一个大碗上面，淋上又咸又甜的汁。就此而已。

葱花倒是让客人任取的，一个大塑胶容器，装满切碎的葱，另一个塑胶盆盛着染成红色的姜丝，也是免费的。

因为天丼中没有蔬菜，客人便拼命地加葱花。葱是季节性的植物，不是当令时很贵，但这家店照样给客人任食，来答谢熟客的光顾。

除了虾和墨鱼之外，最低贱的是面粉碎。有些客人就专门喜欢吃这种东西，这是炸鱼虾时，蘸着的面浆掉进油锅形成的，没有任何肉类蔬菜，和白饭一齐，也吃得津津有味。

店里还卖炒面，主要材料是面条和高丽菜，加大量的甜酸汁去炒，偶尔可以发现一两条肉丝，幸运之人才能吃到。这么难吃的东西，吃惯之后会上瘾，过一段时间没有尝到，会一直心思思地想念它。

每碟炒面大的卖四百日元，小的三百日元。天丼四百五十日元。三十年前我在这里吃的时候是四十日元，才贵了十倍，算是合理的价钱，而且是全城最便宜的了。连吃两碗天丼和三碟炒面，饱得撑死。饥火焚身，惊醒。前一个晚上那块硬得可以当鞋底的牛排，只吃了一口就放下，睡到半夜，肚子太饿，才会在澳洲发这么一个梦，即起身志之。

云吞面

再走过几条街，拼命找，终于找到熟悉的那家面档。还是老样子。门口很小，里面也只有六七张桌子，坐两人还好，四位的话就太挤了。但是东西好吃就是了，环境是不重要的。

皮蛋酸姜先上桌，当然是甜心的，眼见浓液快由中央部分流出来，即刻挟着半边进口，啊，这个古怪的味道是怎么形成的？到底是谁发明此种吃法？为什么一定要配上酸甜的姜一片才好吃？实在是天下美味，谢谢上苍，赐给人类这种吃福。

跟着是生的鲩鱼皮，此物已少有人敢吃，怕有寄生虫，但是又爽又脆，是天下美味，管它那么多，吃了再说。连灌几口孖蒸，什么菌都能杀死。

主菜捞面上桌了。侍者拿来之前已闻到那股香浓的猪油味，捞面不拌猪油，是一条大罪。

也不用牛腩或叉烧，单单是豉油捞面，朕已满足也。

人到异乡，最想念的便是云吞面了。

如果有人告诉你：我们这里也有大师傅移民过来，做的云吞面，比香港的还要好吃！

说这句话的人，一定不会吃东西。

气候不同，擀出来的面条不一样，枧水的成分，也因水质相异而变味。虽然有珠江牌生抽皇进口，但说也奇怪，异地的生抽老抽，不是太浓就是太淡。猪只饲料的关系，脂肪组织起变化，炸出的油也不够香。那么简单的一碗豉油皇捞面，做不好就不好。

墨尔本的面档试过了好几家，上桌一看，那么一大碟，已不像样，还是去吃越南牛肉粉好，越南食物非我熟悉，不是小时天天吃的，好与坏，都能吞下肚。至于云吞面，非香港，免谈。

继续睡，努力做吃面梦。

烤羊腿

因为我们住的每一间公寓都有个厨房，大家在收工之后便各施各法，表演起厨艺来了。

菜烧得最好的是副导演林克明，除了煲广东妈妈汤之外，他很肯就地取材，尝试做些西餐。澳洲的羊肉又便宜又好，最普通的羊排，他买来切块后煮咖喱。上等的在平镬上煎一煎，即可进食。煎之前当然用生抽、胡椒腌它一腌。喜欢全熟的煎个四分钟，半生的两分钟就能上桌。

上乘羊排夹着一根细骨，用刀切下肉吃完之后，骨头旁边还有一些半焦的肉，用手抓着小骨，慢慢啃，天下美味。

这里的羊肉很柔软，只要时间控制得好，不敢说可以用筷子切断，至少老头子也咬得动，比猪肉、牛肉好吃得多。

许多女同事都来吃克明做的羊排，大家吃完都喊："一点也不膻！"

我说："唯灵兄说过，羊肉不膻，女人不姣，都是天下最无趣的事。"

那些女的听后都白了我一眼。

洪金宝每次行过肉店，都望着那只羊腿，说有一天像鲁智深一样，一手抓一腿来咬，一定美味。

那天我们虽然买了一腿，回家后用刀插它数十个洞，将蒜头一颗颗地镶了进去。外层再涂以八角及茴香汁，抹上岩盐。加洋葱、香菇在一旁。

放入焗炉中，用一百八十度高温，烤了整整两个小时。炉未打开，香味四溢，连澳洲工作人员也探头进来想分一份。

焗好，用利刀片之。手法纯熟，片得薄如纸。喜欢香浓的吃表皮。爱生的吃内层粉红的肉。虽血腥，但肉质软熟得像鸡或鱼。

林克明功成身退，自己在节食，啃面包去也。

厨艺大赛

我们每一间公寓都有个厨房，众人变成大师傅，各显神通，煮将起来。

本人当然不敢称第一，但也挤得进席，与各位大师华山论剑。

坐镇第一把交椅的不是洪金宝，而是他的妈妈。我早已听洪金宝说她的厨艺多么厉害，这次亲自尝了她的红烧肉煮笋干、鱿鱼炒雪里蕻、芥菜瘦肉咸蛋汤、煎带鱼等，虽是家常便饭，但味道超卓，立即甘拜下风。

洪家帮还有一名猛将，那便是金宝兄太太高丽虹，她是位混血美人，所做的菜综合中西餐，所做的冬菇羊腿，比副导演林克明的绝品蒜头羊腿还胜出一筹。

硬照摄影师洛源的厨艺也非常出色，他本身是台山人，但能做潮州菜，把胡椒和咸菜塞人猪肚炖的清汤，连我这个正宗潮州佬喝了也大喊不如。

化妆师傅爱姐的广东小炒更是一流，而且时有竹蔗茅根等糖水滋润。我们一面吃饭一面谈邵氏影城当年旧话，为佐酒好餸。

和爱姐同居一室的服装设计师阿珊的炒辣椒能令人吃几碗饭。澳洲有一种灯笼椒，比泰国指天椒还辣，切粒炒猪肉丁，吃完大喊过瘾。

道具的锐能及锐堂两兄弟，虽然不是孖生，但相貌一模一样，分不出谁或谁，只有在菜肴上有差别，一个烧南方菜一个煮北方东西，都有名餐厅师傅的级数。

想不到年纪轻轻的制片助理黄立德也是个隐姓埋名的大侠，一个大镬给他轻易地翻了又翻，将粗盐炒热做盐焗鸡。找不到玉扣纸包裹，来我房间求救，我施于练书法用的八尺宣纸，他说比玉扣纸佳。这个笨蛋，宣纸价钱和玉扣纸不知相差多少倍呢！但是，书法又如何，盐焗鸡吃进肚子，实用到极点。我嘱他尽量拿去用，不过要留下鸡腿，物物交换云云。

牛脷

在维多利亚菜市场，看到一大条的广东人叫牛脷的牛舌头。三英尺长，一英尺厚，有如成年人的手臂。一条，才一块半澳币，合港币九块钱，便宜得令人难以置信。

至今吃得多，但还没有亲自处理过。问屠夫，他回答得轻松："用滚水烫一烫，即可撕开外面那层厚皮。"

即刻买回来一试，用个大锅煮了一锅水，把牛脷放进去，依屠夫指示，烫它一烫，拿出来，拼命剥，也剥不掉。大概时间不够吧，再滚它半小时，不行，一小时、一个半小时，还是失败，硬皮牢牢地黏在舌上，不肯放就不肯放。

最后，唯有用利刀，一刀一刀地削，把整层皮割除。里面的肉，本来想红烧，但嫌普通，加了花椒八角、大量的大蒜和一点生抽，焖它一个多钟，取出切片，香味横溢，整栋公寓都闻得到。一共分成四大碟，各户人家都有份，每人一两片，吃了都跷起拇指称好。问公寓中的其他名厨："牛脷的皮，是怎么清除的？"

有的回答："根本就不必剥，用刷子刷，用利刀刮，刮个干净就是。"

回答得荒唐，怀疑此人也没碰过牛脷。皮那么厚，怎吃？而且，即使是刮净，心理上，总有不洁之感。

问包我们伙食的澳洲大厨，他的回答更滑稽："把牛脷拿去煮，慢火，煮个六七个小时，皮自然离开。"

他妈的，煮六七个钟，肉味都给你煮光了，脱了皮，吃什么？木板？米糖？或是啃发泡胶？之后，逢人便问，答案各异，意见纷纷：剥牛舌那层外皮，应该先煮两小时等等。这个方式澳洲人早教我，我也已经试过，煮他妈的两小时，肉质肉味全失，能剥外皮，又如何？

还有一封信来自日本，说他们仙台也很流行吃牛舌，要剥硬皮，将它冻硬之后，拿一把利刀，像削苹果皮那么除掉好了。

即刻产生一个形象：看到我自己拿了那条两公斤重的牛舌，吹着口哨，将它一面转一面削皮。

这个方去要是真的行得通，我也不干，笑死自己有份。

其实我也在仙台吃过烤牛舌，大师傅的做法是先将它横切片，再一刀一刀地把外层的皮切去，浪费了三分之一才完成。生性孤寒的中国人是不肯干的。

更有些人建议干脆不必剥皮，用个鲍鱼刷将它刷净就是。

这位仁兄一定没有亲身处理过，道听途说地乱发表意见。刷个干净哪有那么容易？即使洗个半天，牛舌上的那片倒刺尚在，恐怖到极点，一见倒胃。

烹调艺术，要是不知道妙法，只有死撑，失败了一次又一次，那么自然可以悟出一个道理来。还是我来教大家吧。

由化妆师爱姐和我研究出来的结果是：把牛舌放在锅中，扭开水龙头的热水，冲它十分钟。取出，绝对不能过冷河，一过冷河，硬皮即刻黏住，永远剥不开。然后，用小刀将皮掀起，跟着一拉，即剥得干干净净，卤将起来，风干，外层光滑发亮，非常美观，大功告成。

批发市场

每个大城市都有蔬菜肉类的批发市场，我在墨尔本问了些人，都说不知道。直到遇见一位花店的老板娘，她说有，在 Footscray。

翌日清晨五点钟，趁未开工，和几位起得早的同事，搭老板娘的便车前往，离开我们住的地方二十分钟就抵达。

市场分鱼类、蔬菜、水果和花卉，肉类不在其中。面积大得惊人，到了闸口须出示准许证才能进去，花店老板娘是批发局会员，顺利通过。

先在市场外租一辆推车，四块澳币，以便载货。花卉市场中各种花朵和盆栽应有尽有，价钱比在花店卖的便宜一半。盛产的玫瑰价贱，但是姜花就要比香港贵出几倍来。这种东方植物，都是移民到这里的华人带来的。

买了三束向日葵，半个人高，花朵有婴儿的脸部那么大，每束五枝，合港币九十多，在香港是买不到的。

水果是一箱箱地卖，一切水果都便宜得不能置信，蔬菜也是。唯一贵的是蒜头，一颗六块港币，是美国进口的。澳洲的土壤很怪，长不出蒜头。

苹果是一百二十个一箱，卖四五十块港币，这是小箱，大箱像一个古代的酿酒桶，一箱两千多个。

买了一箱白蘑菇，大如古铜镜，一共四公斤，有二十多个，合一百港元，这种菇，用牛油煎熟，下点酱油便可以吃，吃时以刀叉锯之，像锯牛排一样，鲜甜得再也不能鲜甜，吃素的人，看到了都流口水。

鱼市场中有生蚝、三文鱼、金枪鱼等，有些能生吃，但却不够肥，绝对比不上在香港吃到的日本刺身。

正愁下次自己来没有准许证进不去时，鱼贩告诉我：“进来的时候，向守门的说你是游客，他们不会拒绝的。”

哈，明天再来。

菇

在澳洲最过瘾的，莫过于吃蘑菇了。

大大小小，各种形状的菇，食之不尽，价格很便宜，还有的是别的地方找不到的。

叫肚脐蘑菇的，像西装纽扣般大，白白胖胖，非常干净，不必冲洗就能生吃。此种菇做汤最好，沸一小锅水备用，买新鲜的鸡胸肉，切蝴蝶片，将肚脐蘑菇和鸡肉一齐扔进锅中，等水再滚，加些盐，已成。

这时一阵香味传来，热辣辣地喝一口汤，一点味精都不加，甜入心肺。蘑菇咬破，里面的汤汁啵的一声流出，人家说山珍好吃过野味，当今彻底了解。

称为马蘑菇 Horse Mushrooms 的，直径有六英寸大，表面雪白，底部呈褐色，是不是马最爱吃，才叫马蘑菇呢？我不知道。要是真是这样，那么马也很会享受。意大利菜中有马蘑菇这一道菜，用牛油煎，上桌时一看，像一块牛扒，吃法也和吃牛扒一样，用刀叉锯着，香甜无比，香港来的同事，已有好些人吃它吃上瘾来。

在批发市场十五块澳币一大箱的马蘑菇，存放十天八天不会坏，又很轻秤，买一箱回香港当手信，非常特别。

我们的香菇也出售，澳洲人用日语 Shitake 当名字，是因为他们本来没有这种菇的。对我们来说，并不稀奇，但是他们把香菇和白色的蘑菇混种，种出一种浅褐色的，味浓又甜，把名字叫为 Leighvally Mushrooms。

古希腊人爱吃的栗子蘑菇 Chestnut Mushrooms，煎后入口，果然有一股栗子味道，是我以前未曾尝试过的品种。

还有一些颜色相当恐怖的菇表面长着绿色青苔，我也吃了，觉得软软滑滑的，香味和甜味却不足。

澳洲同事见我喜欢吃蘑菇，说山上有一种吃了会产生幻觉的。下次试了，再向各位报告。

野餐

真不明白洋人野餐，为什么一定要带一张被？铺在草地上，沾满泥土，这张被还能再用吗？也许，这是一张野餐专用被吧。

藤篮子虽然笨重，倒是优雅的，篮中还放多副刀叉，正正式式地开饭。我是赞成用藤篮的，要是由管家去提的话。

这个星期日，天气真好，连一朵云也没有，蔚蓝的天空耀着黄太阳。一身闲，准备好东西放入和尚袋，野餐去也。

进入公园，绕了一大圈，选中湖边的一角，路远难达，别人不会来干扰。

从袋中取出一张圆形的塑胶布铺着。这种餐桌桌布，百货公司或超级市场均有出售，价贱得很，买一张直径十二英尺的，足够用场。

带去的食物都是冷的，一定要暖暖胃，否则肚子会不舒服。出发前，先自煮了两个大鸡蛋，挑选周围觅食的 Free Range 鸡所生的。敲碎壳，放进纸碟中，再撕开小纸袋包装的万字酱油淋上，吃时鸡蛋还热得冒烟。

又取出六片生火腿 Parma Ham 和半个 Honey Drew 蜜瓜佐之。蜜瓜挖空后，用瑞士刀在边缘刻出几个凹缝，是绝佳的烟灰盅。

事先在家里开了一瓶 Penfolds 佳酿，倒了半樽入 Evian 矿泉水罐中，浅啖之。

越南城里买的法国面包，夹着扎肉、黄瓜、胡萝卜丝和大量指天椒，非常可口。面包屑拿来请靠过来的天鹅，大家其乐融融。

这里现在冬天，蚝很肥，带了半打用保鲜纸包的，连柠檬也不用，就那么吃，有点海水咸味，鲜得不得了。

吃生蚝之前来些芝士，这里有大蒜味和金不换味的。各食一小块后，再吃果仁和水果的甜芝士，当成甜品，已有点酒意，在太阳下小睡三十分钟，最后把那张桌布一包，扔到垃圾桶干干净净，搓着肚子，散步回家。

铁板烧

上次和查先生夫妇在墨尔本到一家叫“灿鸟 Suntory”的餐厅去吃日本菜，“灿鸟”在世界各大都市皆有分行，都相当高级。

有庭院流水，地方优雅，布置也地道日本化。客人主要都是吃铁板烧，好几张台子，但只有两个大师傅，这张桌烧完一轮便去烧别的桌子，像舞女在赶场。

等了差不多一小时才来到我们这一桌，在日本吃铁板烧，师傅一定先把大量蒜头爆香，但这里的像中国人炒菜，油一热，便把蒜头扔下去，搅一搅就是。

接着即刻烧牛肉，一下子便把大块的牛肉切粒分给客人吃，是很有镬气的大排档。

大师傅一下子烧完牛肉，便和查先生以共同语言聊天，原来是来自上海的老乡，才到六个月，之前没吃过铁板烧。

后来我们又到 Collin Street 的“铁板烧”去，就比较像样，但还是差香港的十万八千里，比东京的更不在话下。

另一类铁板烧是由马来西亚人经营的假日本料理，我们住的地方附近有一家，成龙带过我们一班人去光顾。

牛肉当然也像“灿鸟”一样胡乱地搅它一通。这家人的特色是在表演飞东西吃。

先把几个鸡蛋打碎，放在铁板上制成薄饼，然后卷成一卷，再用两支铁铲切成一块块，挑起来，问客人玩不玩。

客人一说玩，大师傅便把两支铁铲一敲，锵的一声，扔向客人。客人张开大口去迎合，一能咬到，大家便拍掌称好。

那么原始又简单的玩意儿，惹得澳洲人哈哈大笑。咬不到的话，掉在地上，脏死人也。这种游戏，日本人看得毛骨悚然，绝对想都不敢想。

客人当狗，还学着摇尾巴，也是一绝。

日本菜

在墨尔本吃日本菜，很差劲。

鱼生的种类选择不多，贝壳类更是少得可怜。

问题出在哪里？皆因澳洲人穷，消费力不强，如果由日本空运过来，价钱一贵，便少人问津了。哪像香港和星马人那么大手笔。

其实就地取材也行，但是像金枪鱼 Tuna 澳洲产的都比较小条，鱼身没有脂肪，鱼腩的 Toro 部分不见粉红颜色，整条鱼是 Maguro，切不出一片肥膏。

他们的 Hamachi 也是营养不足，美国和欧洲的还吃得进口，澳洲的只得一个鲜字，肥是永远谈不上。

只有三文鱼还像样，但是三文鱼是鱼生中最不好吃的一种，原因在它的个性太强，有一股强烈的味道，多生腻。要试也只能吃苏格兰三文，阿拉斯加都嫌贱。

在澳洲，吃来吃去也是以上的三种最普遍的鱼生。

至于贝壳类，首选当然是生蚝，但澳洲人认为生蚝去意大利餐厅吃就好了，何必跑到那么贵的日本铺头让人敲竹杠？所以一般日本料理都不卖生蚝。

最常见的是带子，但带子味淡，没有什么吃头。只有鲍鱼刺身又便宜又好吃，澳洲的青边鲍大到极点，切顶上那块圆的部分进口，又软又香，但是大师傅把最好吃的鲍鱼肠扔掉，我们也不敢向他要，不知道澳洲鲍鱼肠和日本种的有什么不同，吃了会不会拉肚子？

龙虾也不错，澳洲龙虾是煮熟了肉质粗糙，但是吃刺身就不要紧，反而弹牙。

整个墨尔本市有多家日本料理，吃得过的只有一家像居酒屋的乡土料理叫“秋田”，其他不是香港人开的就是马来西亚人经营的假日本菜。“秋田”地址为：Comer of CNR Courtney and Blackwood St.，North Melbourne。

Tel：9326-5766

厉家菜

真想不到，来了墨尔本才吃到厉家菜。

地方是在71，Stanley St.，West Melbourne。Tel：9326-5790，因不做宣传，很多澳洲人也不知道有这么一家馆子。

进门就看到很多溥杰的字，一些历史照片，讲述厉家菜为宫廷菜的背景。

只有一个小厅可坐十至十五个人，大厅五六张桌子，各坐四至五位，就此而已。所以要吃饭可得先订，临时走进去是不行的。

整个厨房由主人厉莉和她的弟弟厉晓麟两人主掌，据说厉祖父对这位孙女特别宠爱，传以厨艺最多。移民到墨尔本，是我们的口福。

先来她叫为“手碟”的小菜，有炒咸食、芥末墩、桂花糖藕、北京熏肉、香味鸡、拌扁豆、椒盐鱼块、鼓板大虾、腐皮卷、炸藕夹等，皆美味。但是有些小菜像拌扁豆和桂花糖藕，也许皇帝吃起来觉得新鲜，对我们来说就是普通得紧。但是平凡中也见功力，那道所谓芥末墩的，将英国芥末泡于白菜心中，刺激醒胃。

热菜有软炸鲜贝、黄焖鱼翅、原汁鲍鱼、一品大虾、红烧鹿筋、锅烧鸭子等。

软炸鲜贝有点像天妇罗，但皮并不只是面粉，应该是将鲜贝磨浆渗在粉中。调味调得极好，并有弹性，皮本身已是好吃，而鲜贝独立地藏在皮中，刚刚够熟，是煎炸厨艺的顶峰。

煨鱼翅的汤很浓，翅的分量足够，喜爱淡汤的南方人也许不习惯，但可与潮州的红烧翅匹敌。原汁鲍鱼用的是澳洲鲍，无糖心，胜于调味，并且够软熟。

鹿筋做得并不起色，皇帝为什么爱吃？大概是需要多一点胶质来应付后宫三千吧。甜品的三不黏，不黏筷、不黏碟、不黏牙，不腻又不太甜。应改为“四不黏”，不黏胃嘛。

VLADO'S

Vlado's 这家牛排专门店，据说要早一两个星期订座，临时决定怎行？硬着头皮打了个电话去，说是“万寿宫”的老板刘先生的朋友，果然对方即刻说想办法。

店子很小，最里面是个开放式的炭炉厨房，炉前一列玻璃柜，摆着各种肉块，皆鲜红。

老板 Vlado Gregurek 亲自站在炉后烧烤，他目顾四方，悠闲地把一大块肉用力地敲打后放在铁架上烤。侍者递上酒牌，正在纳闷为什么没有餐牌时，周围一看，其他桌子，也没有餐牌，原来这是一家不能点菜的餐馆。

坐下不久，侍者便拿了一条香肠，烤干了油，略焦，放在你面前的碟子上。不知下去还有几道菜，不敢多吃，只想试一口，岂知味道不错，忍住只吃了半条。再下来是一片猪的颈项肉片，一块迷你型的汉堡，一片 Sirloin。

老板看着每个客人的进食速度，知道这几片肉已吃得差不多，便用车子推了肉块前来，是 Sirloin、Fillet 和 Rump 三种肉。

客人只可选其中一种，老板问如何烧法、几成熟等，你如果要全熟，他就不太高兴。

我开玩笑："为什么专心做一样牛排？为什么只选这三种肉？你一定只有一个老婆。"

老板笑了："一只牛，只有这三个部分的肉最高贵。是的，我只有一个老婆。"

"舌、心、肝、胃，都很好吃呀！"我以为他一定辩论说什么洋人不肯吃内脏，岂知这位仁兄意味深长地说："那是因为我们这里只做炭烤，这些部分需要像你们中国菜的调味，单单是烤，不会做得好。"言之有理，甘拜下风，老板已在这里烤了三十三年肉，他说："三十三年后，我不会在这里了，今晚尽管让我来好好服侍你吧。"

Vlado's，61，Bridge Road，Richmond

Tel：9428-5833

一尺酒

大多数国家的人都酗酒。南斯拉夫也不例外。

他们最烈的酒是用杏子酿的伏特加，这酒和苏联产的相异之处是：略带黄色，有些甜味，比较香。至于酒精度数就和伏特加一样地高，有过之而无不及。

和南斯拉夫朋友进酒吧，他向酒保说：“来一尺酒。”

酒还有算一尺的？我瞪大了好奇的眼。

酒保将酒倒入水杯一般高的小玻璃瓶，其形像个大型的济众水药樽，一瓶瓶地注入到后排的柜台上，一共有十来瓶吧。

用手一量，刚好是一尺。当然我指的是三英尺长的公尺。

我学那南斯拉夫人叫酒，也来一公尺，然后看他怎么喝。这个家伙嗖、嗖、嗖、嗖，由第一瓶喝起，每口必干，嘴巴也不擦一下，面不改色地喝完一尺酒。

举手投降，我第一次在人面前认输，觉得输得不丢脸。

尿茶

南斯拉夫人不喝咖啡便饮酒，对茶不大感兴趣，但餐厅里还是卖茶的。

他们的茶分很多种，最像锡兰茶的叫“鲁斯基茶”，俄国茶的意思。苏联人本来就不会喝茶，南斯拉夫产的仿苏俄茶更是不堪入口。

还有，他们绝不用茶叶，只把茶包往热水中一扬，淡出鸟味来。

中国茶讲究冲沏，我带来的普洱在外景地派不上用场，唯有用英国的黄色茶包代替，每逢有杯滚水，就放两个茶包，不加糖，当唐茶喝，起初不喜欢红茶的苦涩，喝惯了，反而没有它不提神。现在出门，身上左右口袋总藏数个茶包，以防碰到他们的“鲁斯基”。

拍夜戏寒冷，我会自备一暖水壶的唐茶，不过泡在里面太久，茶酸都跑出来，比不上现成的茶包茶。

南斯拉夫水质佳，应能沏出好茶，但是有些伙计用带气的矿泉水煮了冲泡，此水含阿摩尼亚，就算用什么上等铁观音，也变成尿茶。

私酒

大多数的国家都不让人民酿私酒，南斯拉夫是例外。凡有家园的人都种植果树，吃完了便拿来炮制白兰地或伏特加，政府不管制。

来到这里，当然是喝他们的土炮。杏子、梨制的伏特加最可口，香、浓、略甜、不腻、醉人。

我去商店买一瓶，给南斯拉夫同事看见，即刻说："这种大公司的酒怎么能够下喉？我会送你一瓶，是我妈妈酿的！"

"真的？怎么酿法？"我问。

先将果汁榨出，发酵，蒸馏了再蒸馏，次数越多越好，最后几乎是纯酒精，你说厉害不厉害？

"你妈那种做法怎么叫酒？"南斯拉夫司机听完后说，"我妈酿出来的包管比你妈酿得好。"

结果两个人吵了起来，其他同事更纷纷夸张自己的妈或老婆酿的酒是天下第一，最后，他们一人送一瓶，酒店房中，尽是私酒。

房内煮食

我们一组中国人来到南斯拉夫，并非旅行团，而是每个人都是有独特个性的电影工作者，一共要住上三个月，吃饭事不能解决的话，将是个大问题。

先锋部队抵达，一吃厌餐厅，就想办法在旅馆的房间中炮制公仔面。

同事们第一件事先到百货公司购入小电炉和锅子，烧水冲茶后下面，并打下一个鸡蛋，以增加营养。

市场中看到火腿，买下等有空时煲汤。洋葱是最佳的蔬菜，放上一两个星期都不坏。

渐渐地，变本加厉，在一个星期天准备好各色各样的材料，打起边炉来。吃得肚子发胀，席地而睡。第二天一大早赶去看外景，来不及收拾便出门。

回来后遇着酒店经理绷着脸，做一抱头痛哭状，哀求地说：

“我也同情你们，但是消防局一查到，便即刻吊销我的营业执照，你教我如何是好？”

经他那番话，我们再也不敢在房内煮食。

租厨房

不能在旅馆中煮食，连烧开水也被禁止，这怎么办？以后半夜开工或黎明回家，连一杯茶也没得喝，将多难挨？

大酒店有二十四小时的通宵服务，我们的房间连冷气也没有，别谈冰箱了。餐厅卖完早餐，十点钟便关门，剩下个小酒吧，只有咖啡和酒。

虽然有个厨房，但酒店不肯借给我们，试想一大群中国人，每天不定时地出入，又在里面煎咸鱼和爆大蒜，吃完还要把碗碟顺手牵羊地拿回房去，要是我是酒店经理，说什么也不让中国人用。

唯有重施故伎，希望在旅馆的附近找到一间空屋，租下来当厨房和休息室。我们在西班牙拍戏时就在酒店对面包了一间收档了的商店煮东西吃，时间一到，只要走过条街便可以享受家乡菜。

我们的酒店周围都是住宅区和小公寓，要租一间，总不成问题，我以为，其实这是大错特错。

开伙食

把厨房和餐厅拖到旅馆前面那一天，我们的心情是多么的兴奋！

这一架小旅行车是全新的，租金很便宜，一辆汽车将它带来之后就走了，不用再停留。车厢中有两个石油气炉子，沙发椅和长桌，折叠起来可当床，还有个小洗手间。

水的供应由酒店拿过来。电力是个问题，但可以由隔壁的公寓中接。再不然便去弄个小马力的发电机，也花不了几个钱便可以安顿。

停泊在街上是犯法的，南斯拉夫同事史埃图以前是当秘密警察，和他一起去附近的警局，他在那儿与警察称兄道弟拍肩膀，加上我们带去的一点小礼物，警察们都说："是呀，是呀！中国人不吃他们自己的东西是不行的！"

邻近的人都好奇地围上来看，指手画脚地问一番后离开。酒店经理喜气洋洋，因为我们已经消除了放火烧他旅馆的可能性。他说："妙，妙，请别忘记，煮第一餐饭时一定要分一点给我吃！"

小水饺

把简单的煮食用具准备好之后，便开始在我们这个旅行车厨房里做起饭来。

先买两只大肥鸡熬汤，汤里加上一罐由香港带来的榨菜片，这一味，包管南斯拉夫人没有吃过，已先来个下马威。

再把牛肉切成丝炒青菜，他们永远是一大块一大块的牛排，哪会想到可以把肉炒得那么柔软香甜。

猪肉在用大蒜爆开的时候，周围的路人闻到，已开始流口水。

酒店伙计送上甜品，想先敬佛，再分享一羹。结果大家把菜吃了个干干净净，剩下一大锅鸡汤，就把带来的公仔面放进去煮，这工作由美术指导张叔平担任。

当晚电还没接好，点着蜡烛吃东西，气氛极佳，南斯拉夫人第一次吃公仔面，翘起指公大赞：“比意大利粉不知好吃几百倍，只是那小水饺硬了一点，不过咬开了味道真好。”

原来张叔平把那包麻油也扔了进去。

自助餐

我们拍摄的外景地，到处是果树，现在桃、杏、梨和苹果盛产，压倒树枝。

原来胡桃树是这个样子的，工作人员感叹，果实还长着刺呢！

果实有些是野生，有些是一排排的大量人工种植。每家人的花园周围都种上数株。一粒粒光油油的果子向我们呼唤，很想采下尝试，但又怕被主人骂，眼光光地看着。

南斯拉夫工作人员却不管那么多，一安顿好摄影器材就伸手去采，吭哧吭哧地细嚼。

“人家的东西怎么可以随便采？”我带点责备味道地说。

灯光师傅回答道：“不要紧，只要向自己说三声：自助餐，自助餐，自助餐！采了绝对没事！”

见他妈的大头鬼，世界上哪有这种事，但实在想试试手摘果实滋味，也就大着胆，向自己说："自助餐，自助餐，自助餐！"

三声说完，果然一点罪恶感也没有，真奇怪。

偷梨

现在我们已经习惯看到水果便采，只要说三声自助餐，便心安理得，就算是人家种植的，也当它们是野生。

毛病出在手伸得到的，多数是太生、太硬，吃起来酸得像醋。要不然，便是太熟，蜜汁已经流干。

其实市场上所售的很便宜，但无论如何总比不上手摘的有味道，而且偷东西的感觉是非常地刺激。

南斯拉夫的苹果很小，与美国的大蛇果相差十万八千里；梨也不大，追不上澳洲啤梨；杏子最好，圆满香甜，我这个不喜欢吃水果的人也渐试上瘾。

一天，看不到杏子，只有一株瘦小的梨，口渴死了，不管那么多，随手摘来吃，“上得山多遇着虎”，远处，看到屋里的主人带着他两个小女儿向我们走来。

这次完蛋了。他们走到我们面前，小女儿笑嘻嘻把我们手中的梨扔掉，另外献上几粒大杏子。我比被人家骂更脸红。